无惧焦虑

如何结束自我对抗

瞿洋 著

天地出版社 | TIANDI PRESS

自序

在快节奏的现代生活中，人人似乎都非常焦虑。来自学业、职场、人际、家庭关系等不同方面的压力，大部分都会以焦虑的形式表现出来。

为了过上更好的生活，人们不得不拼尽全力应对各种竞争压力，同时可能还背负着车贷、房贷以及子女教育等方面的压力，让自己的身体和精神都超负荷运转。可见，在人们追求卓越的时候，焦虑也会如影随形。

焦虑极具普遍性，而焦虑障碍作为最常见的心理障碍，困扰着极为庞大的大众群体，严重影响着人们的生活质量与心理健康。因此，我将焦虑作为我在英国学习心理治疗时的研究方向，并且十余年来一直将其作为我的临床心理治疗主攻方向。

在日常生活中，每个人都有过焦虑的体验。然而，大家所熟知的由压力源引发的焦虑担忧远非焦虑的全貌。有些人惊恐发作（一种极度的焦虑恐慌，常伴有心慌、心悸甚至濒死感等体验），而有些人害怕出现惊恐发作，就回避某些特定的场所或活动，如运动、乘坐地铁、飞机、电梯，甚至不敢独自外出；有些人则对某些特定的事物恐惧，如蜘蛛、血或黑暗；还有些人在别人面前因紧张而说不出话或吃不下饭等。这些担忧或恐惧在普通人眼中可能根本不是问题，但对焦虑症患者而言却是很大的困扰。

很多人分不清焦虑情绪和焦虑症的区别，认为只要出现了焦虑情绪就是患上了焦虑症，这是一种对焦虑症的误解。一部分人因为存在这种误解，造成了不必要的担忧与恐惧，而这种对于自身焦虑的焦虑（worry about worry）反而强化了焦虑情绪。尽管如此，我们也不必害怕焦虑，因为焦虑还是我们人类的一种自我保护机制，让我们趋利避害，对可能发生的危险或灾难化的结果处于警觉或戒备状态。

人类远古的祖先正因为在恶劣的生存环境中能够时刻保持着警觉，以及对生活的未雨绸缪，才得以存活、繁衍至今。然而，人类的进化远远滞后于社会文明的发展，现在我们根本不必像石器时代那样需要时刻警惕身边各种可能威胁生命的危险，但是，过度的警觉与担忧——这套自我保护机制就像刻在了我们的 DNA 里一样延续至今。

试想一下，如果我们的大脑就像一部"永动机"，不停地搜寻着周围一切可能发生的危险或灾难化的结果，那将会是怎样的情景？我们可能会被预想的充斥在脑海中的各种可怕的想法淹没，并且焦虑得惶惶不可终日，从而造成严重的情绪困扰与心理痛苦。所以，我们的最终目的并非彻底地消灭焦虑，而是要正确地看待焦虑，并将焦虑控制在一个正常、适度的范围内，不让它影响我们的正常生活。

焦虑的形成和发展与很多心理因素有着直接的关联，这为我们能够针对焦虑进行有效的心理调节与干预奠定了基础。我从多年的临床心理治疗实践中发现，焦虑症患者存在大量共性的认知偏差和问题化的行为模式，它们促发了焦虑的形成与维持。

焦虑症患者在面对压力事件所带来的不确定性时，往往更容易做出可能发生的负面结果的预判，并且深陷假想的灾难情景中难以自拔。比如，他即将参加一个重要的考试，很快想到如果考不好怎么办。大脑中马上会浮现出各种考试失败后的悲惨情景，仿佛灾难已降临。当他感觉身体不舒服或某个部位疼痛时，他可能马上会想到是不是得了什么致命性的大病。他会接着联想"灾难"发生后自己即将面对的各种可怕的遭遇，如承受疾病的痛苦与折磨，面临死亡的恐惧，以及孩子将无人照料等一系列连锁性的负面结果，并因此变得焦躁难安、痛苦不已。

焦虑症患者常偏差地关注并执着于那些几乎不可能发生的灾难事件，或聚焦于自身细微的瑕疵，却对更大概率或正面的状况视而不见。比如，一些人害怕乘坐飞机，仅仅因为将关注更多地锁定在罕有发生的空难事件上，并且因此认为乘坐飞机是不安全的。同理，很多焦虑者当众发言时常因自己一些细微的失误而耿耿于怀、惶恐不安，仿佛看到了每位观众向他投来的鄙夷与嘲讽的目光，并且对当众发言开始变得惧怕、退缩或回避。然而，这种回避的行为却使焦虑者对当众发言更加恐惧，使其成为心中难以逾越的障碍。

本书涉及以下主要内容：

1. 简要地阐述了正常与异常焦虑的分水岭，并且介绍给大家一些简单易行的判断方法，以消除焦虑者对自身状况过度的担忧；

2.以认知行为疗法的策略与方法为基本框架，结合大量的临床实例，列举了一些在日常生活中常见的引发、强化焦虑的问题或偏差的认知模式和行为方式，深入地分析这些因素对焦虑的影响，并提出有针对性的解决方法与策略；

3.详细地讨论了如何将认知行为疗法的方法与技术系统化地应用到广泛性焦虑症与惊恐障碍（含广场恐惧症）的心理干预中；

4.结合一些中国传统文化的哲学思想与理念，探讨了如何创造平和而安宁的心境，彻底告别焦虑。

我希望通过本书向更多的人普及焦虑心理干预方面的知识，帮助焦虑者建立对焦虑的正确认识、消除对焦虑的误解与恐惧，并且通过简单易行的心理干预策略与方法，让焦虑者无惧焦虑，最终战胜焦虑！

目录

第一章 无处不在的焦虑
焦虑的多样性 _ 003
焦虑的心理特征 _ 006
焦虑对身体健康的影响 _ 015
焦虑的历史记忆 _ 018

第二章 我是焦虑症患者吗
引发焦虑的易感性因素 _ 025
评判焦虑状况的四个维度 _ 035

第三章 引发焦虑的思维模式及应对策略
偏差认知思维模式 _ 047
灾难化想法 _ 056
绝对的控制感 _ 065
对焦虑的正面认知 _ 072

第四章　那些助长焦虑的行为模式

回避与强化 _ 081

直面恐惧——暴露与消退 _ 089

强迫行为 _ 094

拖延行为 _ 106

第五章　我必须做到"最好"

完美主义与焦虑 _ 121

拯救完美主义者 _ 133

第六章　你是广泛性焦虑症患者吗

广泛性焦虑症及其界定 _ 147

广泛性焦虑症的心理成因 _ 153

克服广泛性焦虑症 _ 159

第七章　挑战终极焦虑

惊恐障碍与广场恐惧症 _ 173

惊恐障碍及广场恐惧症的干预 _ 191

第八章　让心静下来

从传统文化中寻找干预策略 _ 201

不执着，心自由 _ 205

道法自然 _ 212

致虚极，守静笃 _ 218

第一章

无处不在的焦虑

焦虑的多样性

"焦虑"——恐怕没有人会对它感到陌生，因为它似乎已经成为现代人的一种生活常态。在纷繁杂乱的社会生活中，人们每天奔波于生计，往往要同时面对来自工作、职场、学业、家庭、婚姻、子女教育等诸多方面的压力，难免身心俱疲，产生焦虑情绪。

或许从幼儿园开始，焦虑便已悄悄地溜进了我们的生活。当第一次离开父母，在陌生的环境独自面对老师与其他小朋友时的恐惧；上学时因作业繁多、不会做题产生的烦躁，以及因竞争压力、考试考不好担心被家长责罚的恐惧；寒窗苦读数年，面对大考时的寝食难安、辗转反侧；毕业后面临找工作、对未来发展的迷茫与担心；工作后因任务的繁重或复杂的人际而感到烦恼；面对领导与众多听众演讲时的局促不安、心慌紧张；因晋升与职业发展而忧惧；与伴侣发生矛盾时的争执与愤怒；面对孩子作业拖沓、成绩较差时的气恼；对父母健康以及我们未来养老的担忧……可以说焦虑无处不在，甚至伴随着我们的一生。

焦虑的来源是多方面的，已经成为生活中很常见的一种情绪状态。它可以是等待大考结果时的持续性担忧，可以是面对一项复杂而艰巨的任务时所产生的烦躁，可以是目睹车祸时顿生的恐惧，也可以是登台演讲时因紧张而心跳加快、双腿发抖的感觉，还可以是不明缘由的不适感，以及头脑中因充斥着各种事情而导致的失控感。

论持续时长，一些焦虑者的焦虑情绪会持续数年，甚至伴随终生。比如对健康的担忧，他们会反反复复地担心自己是否会得某些重大疾病；又比如对未知的恐惧，无论遇到什么事，他们都会因为很快想到可能出现的最糟糕的结果而惶恐不已；再比如，一些广泛性焦虑症患者只要遇到悬而未决的事情，马上就会想到事情可能发生的最糟糕的结果。

而有些焦虑也可能一闪即逝，甚至都未被我们察觉。例如，早晨你困难地从温暖的被窝里爬起来，发现将要迟到的匆忙感，以及由此伴随而来的堵在路上的焦急感，过马路时看到汽车向你飞驰而来的恐慌感……然而这一切焦虑在你到达单位后都会自动消退。

论强度，焦虑可以强烈到令你窒息，仿佛已处于死亡的边缘，就像惊恐发作时的状态；它也可以轻微得只是让你有些许隐隐的担忧，可能有时只是一种说不上来的不适感，你甚至都感受不到自己正处于焦虑状态。

"焦虑"，可以被定义为内心的一种紧张不安，是预感到似乎将要发生某种不利情况而又难于应付的不愉快的情绪体验。[1]然而，

---

[1] 陆林. 沈渔邨精神病学［M］. 6版. 北京：人民卫生出版社，2018：423.

第一章 | 无处不在的焦虑

"焦虑"更多地被看作一个广义性的概念，包含了不同的情绪反应。美国情绪心理学家伊扎德认为，焦虑是多种情绪的混合体。不难发现，"焦虑"有很多近义词，比如担心、担忧、烦躁、恐惧、害怕、恐慌、苦恼、惊诧等，虽然它们各自有着不同的含义，但都可以被列为焦虑的范畴。其中，担心与恐惧成为焦虑情绪的核心成分。前者是指一种以未来为导向的情绪状态，更多表现为弥散性的、集中在对一些细微或琐碎事件上的担忧与紧张，经常呈现出一种慢性的、难以被控制的特点；而后者则更多是指当面对危险时所产生的一种强烈且即时性的害怕反应，可视为对危险的警报伴有强烈的唤起及快速脱离危险的逃逸反应。

焦虑的临床表现多种多样，有强有弱，可表现为情绪的、心理的、躯体的以及行为上的一系列反应。例如，从情绪上，焦虑可表现为紧张、担忧、烦躁、害怕、恐惧等，常伴有心跳加快、心慌气短、胸闷、口干、出汗、肌肉紧绷、颤抖、头晕、尿频、尿急、出汗、震颤等一系列的躯体症状反应；从心理状态上，焦虑者常出现忧心忡忡、无法掌控以及内心的不踏实感等；从行为上，焦虑可表现为运动性不安，如坐立不安、来回踱步、搓手顿足、小动作增多等，还可以表现为效能低下，以及为缓解焦虑情绪而采取的回避、压制或退缩等一系列行为模式。

焦虑的心理特征

我通过两个例子带大家体会一下焦虑的一些心理特性。

小美是一位焦虑的家庭主妇,把日常生活打理得井井有条。她希望所有事情都能够按照她的计划发展,对于一点儿未知和变动都感到不舒服。小美平时对所有的事情都会有所担忧,总是担心会发生不好的结果。小美的丈夫小王平时都是晚上6点回家,但今天都已到晚上7点半了,小王还未回来,这可把小美急坏了。她感觉情绪特别紧张、焦躁,心神不宁,想到小王要么是出车祸了,发生车祸的画面和情景不停地出现在脑海中,要么是遇到坏人被伤害了……想到这里,小美感觉心都要蹦出来了,呼吸也变得急促起来。小美越想越害怕,她不停地给小王发微信、打电话,但是小王始终没有回复和接听。

没有得到小王即时回应的小美变得更加焦躁,浑身发抖,冒冷汗,感觉几乎要晕倒了。后来直到小王安全回家,小美才得知,原来小王在快下班时临时被叫去开会,没来得及给小美打电话,而开会时又没办法接听电话。此时,小美的情绪才慢慢地平静下来。

| 第一章 | 无处不在的焦虑

小美的焦虑还体现在孩子的教育方面。小美有个读小学三年级的儿子。儿子很机灵，平时成绩还算不错，属于中上等，喜欢踢球，就是不太爱写作业，对学习兴趣不大。

小美平时对儿子要求很严格，每天不但要陪着儿子一起学习，还要不停地催促儿子写作业、复习功课。只要看到儿子在玩手机或者做错了题，小美便会火冒三丈，非常气恼。她想："儿子怎么这么笨，有时听了好几遍的题，还是不明白。连小学这么简单的题都不会做，到了初中、高中可怎么办呀，说不定连大学都考不上！"想到这里，小美感到担忧害怕、烦躁难安、一筹莫展。每当儿子要考试时，小美比儿子还要紧张，不断地督促他学习，只要儿子一做错题，小美就感觉儿子这次考试一定会失败！

对儿子学习问题的焦虑，已经严重地影响了小美的日常生活，令她寝食难安，好像有巨大的灾难要来临一样。她有时做梦都会梦到儿子的学习与考试，仿佛儿子"惨淡"的未来就在眼前。

当然，小美平时担心焦虑的事还远不止于此。生活中的所有事都会引起她的担忧，让她很快想到各种可能的糟糕结果。她自己也感觉大脑就好像一部"永动机"，充斥着各种各样担心的事情，她为此烦躁不已，却又难以自控。

在这个案例中，小美的丈夫小王晚回家是由于临时开会未及时通知她。这种情况在我们的生活中并不少见。但小美在无法确定丈夫小王为何没有按时回家的情况下便产生了不安感，并且马上联想到可能发生的最糟的情况。

对儿子亦是如此，小美对儿子的学习不停地督促，这种高掌控就源于她的焦虑担忧。在她看来，只要儿子玩手机（不把时间都用在学习上）或做错题就意味着考试将失败，显然事实并非完全如此。平时做错题并不代表考试就会失败，成绩再好的学生也需要休息的时间。小美之所以总担忧儿子的学习，是因为她将更多的关注放在了所担心的"失败"的结果上——不希望看到儿子考试失败的后果。

这个道理很简单，小美希望儿子考试能获得好成绩，自然对可能影响考试的负面因素变得更加敏感。比如儿子玩手机等不学习的行为，使她更多地联想到可能由此导致考试失败的后果，烦躁与焦虑的情绪也由此而生。我们可以简单地理解为"怕什么想什么"。更糟糕的是，她不但对于想象中失败的结果给予过多关注，并且不断做出对于儿子状况更为消极的解读与推论，如做错题便无法考出好成绩，小学考试都考不好，以后中学会更困难，未来就更难考上大学。小美沉浸在这一连串的负面假想中难以自拔，并为此焦虑难安，仿佛这些想象中的后果都已经发生了似的。

看完小美的例子，我们再来看看另外一个例子。

假如你下周要面对单位全体同事和领导做工作汇报的演讲。刚接到这个任务，你便紧张起来，想到自己下周演讲时的情景：在众目睽睽下发言，你紧张得连话都说不出来，结结巴巴、憋红了脸，

第一章 | 无处不在的焦虑

到时候同事们一定会嘲笑自己，认为自己连说话都说不利落，工作能力肯定也很差，而领导也会因为自己差劲的表现而看不起自己，导致自己从此不被重用。想到此，你感觉自己都快窒息了……

在工作汇报演讲当天，你努力告诉自己不要紧张，但根本无法控制紧张的情绪。在上台前的一刹那，你的心仿佛都要蹦出来了，你要用力地深呼吸才能确保自己喘过气来，上台后大脑一片空白，除了不断告诫自己"不要紧张"，什么都想不起来了！这一刻，你只体会到不断加剧的紧张感、窒息感以及自己颤抖的声音。经历了这场"噩梦"后，你发现自己更加"怕人"了，再也不想面对公众发言。事实上，这种情况广泛存在于社交恐惧者中。很多人在当众讲话时的恐惧常常是我们难以想象的！

从上面两个例子中，我们可以发现焦虑的一些共同特性，这些共同的特性就构成了焦虑的心理特征。我们看到当事人所焦虑担忧的事情往往并未真实地发生，但他们常聚焦在未来有可能发生的非常糟糕的负面结果上，像小美想到丈夫出事了、儿子考试失败甚至以后考不上大学，你还未进行演讲便想到自己到时会紧张得说不出话、被耻笑的情景。可见，焦虑往往是一种预期的、指向未来的并以未来可能发生的负面结果为导向的情绪状态。虽然所担心的状况并未发生，但焦虑者已很快地预想到可能发生的负面后果并深陷其中，从而引起焦虑的情绪反应。他们预想到的往往是负面的、消极的甚至是灾难化的后果。当事人的焦虑程度往往取决于对所预想到的糟糕结果的相信程度。

这种焦虑与我们对环境或事物的控制感相关。试想：如果一切尽在掌控中，并且结果也是可预测的，那么或许很多焦虑就不会发生。然而，生活中很多状况是我们无法预知和难以掌控的。例如，小美无法得知丈夫迟迟未回家究竟发生了什么，儿子能否考出好成绩；你即将到来的当众发言能否表现出色，能否获得大家的认可。这些都是无法预知和难以掌控的。

生活中这样的例子举不胜举，比如在考前我们无法预知会考多少分，在递交一项申请前无法判断能否成功，在体检报告出来前难以判断健康状况。当人们面对难以掌控、无法预知结果的事而又很在意这件事的结果时，焦虑便会产生，但每个人面对不可控感的反应都是不同的。焦虑者对不可控感的反应程度比非焦虑者要更为强烈，它往往与早年的家庭互动、教育模式相关。我们将会在第二章对此进行专门的探讨。总之，这种面对难以掌控和无法预知的不可控感是焦虑情绪形成的基本心理因素。

显而易见，人们都希望获得好的结果，自然对于可能导致负面结果的因素十分敏感，并试图排除所有的负面因素以获得所期待的结果。你可以简单地将其理解为"排除法"。我们所面对的事情对我们而言越重要，这种趋势就越明显。

就像我所接触的绝大部分因考试焦虑的学生，他们都是因面临中、高考过于焦虑，才前来寻求咨询帮助，极少有学生因为平时的阶段性测验焦虑而前来咨询。当面对中、高考这样重要的升学考试时，他们会变得比平时更为敏感，往往在听课时因为教室里的一声咳嗽，甚至周围同学做题时翻卷子的声音就大发雷霆！担心高考时发生意外，使得他们对于平时根本不会关注的细节变得格外敏感，比如在考英语听力时外面会不会有噪声、录音本身是否清晰、手表或时钟会不会突然停止，甚至无任何缘由地担心自己在考试时会昏厥。

在前面提到的两个例子中，小美担心儿子考试失败，因而对儿子的任何错题都非常敏感，对儿子任何不学习的行为都变得更为恼怒；在做公众发言时担心、害怕别人的负面评价会让你对别人的反应变得更加敏感。这种对于外部环境与状况的高度敏感恰恰是焦虑者明显的心理特征。

这种敏感同时表现为对自身状况的过多关注。比如，你将要登台演讲时，感受到了强大的压力与威胁，此时焦虑情绪油然而生。与此同时，焦虑会很自然地吸引你的关注，让你不由自主地觉察到自己的紧张、头晕、心跳加快，呼吸也变得紧促起来。这时你可能唯一想做的就是消除这些紧张感，尽可能让自己平静下来。不幸的是，你无法控制或者消除它，这让你更加烦躁！此刻，你对自身紧张反应的过多关注会被强化，就好像家里进来一只老鼠，它把你吓到了，你拼命地要赶跑它，这时你的注意力都在它身上，你是不太可能平静地做其他事情的。

同理，当内在的紧张感吸引了你更多的注意力时，你可以分配到演讲内容上的注意力自然就会减少。因为我们人类的注意力范围是相当狭窄的。例如,你在阅读一本教科书,此时有人跟你说话,你的注意力很难做到同时专注在读书和说话这两件事情上;如果再让你一边读书一边听课,同时回答老师的问题,那就难上加难了。因此,当我们把更多的关注放在内在的焦虑情绪体验上,我们就很难集中精力完成好当下的事情。

而且,很多研究已证实,人们对自我内在的关注会很大程度地提升他们对自身内部体验的感受度与敏感度。比如,一般情况下,你是无法感受到自己的心跳的,但是当你在安静且放松的冥想状态下,你是完全可以感受到的。关注或有意识的觉察可使我们感受到平时感受不到的细微反应。同理,当你感受到自己的焦虑时,焦虑的感受吸引了你的关注,而你又并不希望体验这种感受,于是焦虑的感受在关注的作用下被强化,进而由于你对它的排斥令你感到更加烦躁。比如,当你面对台下很多人的注视在演讲时,你会自发地感到紧张。这种紧张惶恐感将你的注意力更多地吸引到内在感受及情绪体验上,它越强烈,你越是拼命想控制甚至消除它,但你又做不到,你便会感到更加焦虑。它分散了你在演讲任务上的注意力,让你更多驻足在自己内在的焦虑情绪及躯体化反应上,从而影响了你当众发言的表现。

这样的例子在生活中有很多,焦虑者会十分关注自己的身体状况与感觉,哪怕是极其细微的不适,都会引发他们强烈的情绪反应。他们会将更多的关注投放在身体内在的反应上,即使没有不舒服的情况,也要每天扫描身体很多遍,时刻处于预警状态。我们对

第一章 | 无处不在的焦虑

于自身感觉与反应的关注是正常的,它发生在每个人身上,但过度警觉与谨小慎微式的关注会导致焦虑情绪不断地被唤起,同时焦虑情绪又不断地吸引你的关注,从而形成恶性循环。

除了上述所说的各种促发因素,焦虑者对事物的偏差性解读对焦虑情绪的形成也起到了重要的作用。焦虑者往往会将不确定的状况解读为负面的、糟糕的、具有威胁性的以及灾难化的结果,这种认知的偏差直接促进了焦虑情绪的产生。他们经常从可能发生的负面结果出发,解读所面临的事物,过度地夸大外部的威胁,并且过低地评价自我的应对能力等。例如前面提到的焦虑者,他在没有进行当众发言前便不断地发出负面暗示,想象着各种可能发生的糟糕结果,无限地夸大了可能一次不好的表现所带来的后果。这也使得他花费更多的精力去消除这种焦虑,而当无法做到时他便会陷入崩溃境地。

与此同时,他又低估了自我的能力,认为自己根本无法解决面对公众发言紧张的问题。在消极思想的支配下,当真正面对公众发言的场合时,他会变得更加焦虑。而像小美的认知偏差,则体现在因丈夫小王未按时回家便联想到他可能出车祸的灾难情景,并以此来解读当前的状况;同时在儿子的问题上夸大了偶尔玩手机与做错题对考试的负面影响,以及进行了不适当的推论——小学学习都"费劲",他就很难考上大学。

可见,焦虑者如果将自己的关注聚焦在消极甚至灾难的后果上,并且坚信后果已发生,就更加容易引发焦虑担忧的情绪。这种引发焦虑的认知性偏差特性，为我们从认知校正的角度干预焦虑提供了理论依据。

我们再来看看焦虑形成的心理过程。

焦虑通常是一种未来指向的情绪，当个体面对一件对他来说很重要却又无法掌控的事件时，他便会感受到潜在的威胁，并且由此产生失控感。这种失控感作为焦虑情绪形成的核心心理因素，常使当事人在面对压力事件时因无法控制或预知结果而产生无助感，并促使个体将关注转移到自身，比如，自我应对能力的评价（难以应对），以及对躯体状况与反应的关注。这种关注又使得焦虑情绪得到强化。同时，焦虑者对潜在的威胁和可能导致负面结果的线索变得过度警觉且敏感，更容易聚焦在产生这些风险的因素上，使关注变得更为负面且狭窄。

而对不确定状况或事件更为负面的灾难化的解读（偏差的认知）扭曲了很多信息及客观事实，促发了焦虑担忧的形成，造成功能上的紊乱与失调，即出现一系列焦虑反应。而为了应对这种焦虑，当事人往往会采取回避焦虑产生的场合或线索的方式，如演讲的高度恐惧会让演讲者以后尽可能地回避当众讲话的场合，避免焦虑再次发生，但这又往往会成为焦虑得以持续的重要原因。

焦虑对身体健康的影响

焦虑不仅常带给我们担心、恐惧、紧张、烦躁等负面的情绪体验，还常伴有心率过高、头疼、胸闷、震颤等生理反应。如果你认为它仅仅威胁我们的心理健康，那你就错了，它同时也会影响我们的身体健康。实际上，心理与生理有着密不可分的关系，它们相互作用、相互影响。我国传统中医认为，情绪与人的健康有很大的关系，它强调人的七情（即喜、怒、忧、思、悲、恐、惊）是人体发病的诱因。例如，在中国历史典故"伍子胥过昭关，一夜白了头"中，伍子胥因为过于忧愁，一夜之间头发全变白了——这就恰恰说明了情绪对身体的影响。

相信大家都有过这样的体验：当我们处于高度紧张的状态时，心跳会加快，呼吸会变得急促，手心会出汗……这些都是情绪对身体的常见影响。当处于情绪激动、紧张焦躁的状态时，我们往往会感到头脑发胀，面红耳赤。此时交感神经处于兴奋活跃的状态，血管收缩，外周动脉阻力增大，导致血压升高。一个人长期处于紧张、焦虑、愤怒的状态下，很容易导致高血压。此外，诸如愤怒、焦虑、恐惧、抑郁、挫折等情绪因素，还与心脏病的发生有着密切的关系。

许多研究表明，焦虑、抑郁等情绪会增加心肌梗死的患病概率，同时也是诱发冠心病的重要危险因素。在冠心病患者中，存在焦虑症状的患者约占70%。[1]据统计，焦虑可使不良心血管事件的发生率增加36%，并且近50%的短期死亡率与其相关。在患过突发性心搏停止的人群中，有20%的患者在发病前24小时曾有过严重的心理压力。[2]其心搏停止的原因就在于焦虑或愤怒引起肾上腺素分泌的突然增加，致使数千条冠状动脉分支血管收缩，从而迫使心脏以高速、迸发的跳动来补偿供血的不足，结果在这种超负荷跳动下心搏骤停。此外，机体如果长期处于紧张的应激状态，就会导致神经内分泌紊乱，从而加速血管粥样动脉硬化，并最终形成血栓。

焦虑除了对心脑血管有影响，还是产生癌症的诱因之一。一个人如果长期处于紧张、焦虑、恐惧等应激状态，其免疫功能就会相应下降，甚至诱发癌症。研究发现，焦虑患者的免疫功能紊乱涉及免疫器官、免疫细胞和免疫分子等多个不同的层面。对此，国外的研究者曾做过一项实验。

研究者们将出生8—18个月的小白鼠分成了等量的两组，第一组放在摇床上旋转，第二组则放在非常安静、没有紧张感和压迫感

---

[1] 边振，王丽，都亚楠等. 冠心病伴抑郁症状的中西医研究进展[J]. 社区医学杂志, 2016, 14（21）: 84-86.
[2] 李庆生. 情绪与心脏病[J]. 医药与保健, 2009, 000（11）: 49-50.

的环境里。结果表明，第一组小白鼠有80%以上患了癌症，而第二组小白鼠在14个月内只有7%患癌。又比如，我在临床实践中常会遇到这样的学生：他们学习成绩好，平时努力且争强好胜，对学习成绩和排名很看重，因此时常会有压力感。这些学生一到考前就生病，有时感冒发烧，有时会在考前不停腹泻。他们平时身体很健康，但一到大考前便如此——这种情况的发生往往与焦虑脱不了干系。因为人体处在焦虑和压力状态时，会不断分泌"压力荷尔蒙"——皮质醇，从而抑制免疫功能发挥作用，使免疫系统更易受到病菌的感染。

除了上面说的这些影响，焦虑还对消化系统、呼吸系统、神经系统等有着明显的负面影响。其中，消化系统是最易受情绪影响的部分，慢性压力焦虑会破坏消化道微生物群落的平衡，导致出现多种消化系统问题。同时，相关研究已证实，哮喘与焦虑有着密不可分的关系。一般情况下，压力水平升高可使哮喘发生的概率翻倍增加；怀孕期间，焦虑也会增加宝宝患哮喘的风险。

很多时候，人们在出现诸如胸闷、气短、头晕、疼痛、便秘、腹泻、发烧等躯体症状时，首先想到的是得了什么疾病，但去医院又检查不出任何问题，这时就需要考虑焦虑情绪所导致的躯体化反应的可能性。减少焦虑不仅可以令我们情绪稳定，精神舒适，还能使因焦虑情绪引发的躯体症状得到缓解甚至消除，从而促进身体健康。

▷▷▷
焦虑的历史记忆

了解了焦虑与身体健康之间的关系后，人们可能一提到焦虑就想远离、消灭它们，仿佛焦虑已成为人人喊打的"恶魔"。你可曾想过：为何焦虑情绪竟如此普遍地几乎存在于每个人身上？为何即便是心理健康的人也偶尔会产生紧张、担忧、烦躁等焦虑情绪呢？正所谓"存在即合理"，那么焦虑存在的意义和价值又是什么呢？

焦虑是与生俱来的，它甚至会伴随我们的一生。虽然焦虑给我们带来了很多负面的情绪体验与诸多不适感，让我们痛苦不堪，但你可曾想过：焦虑真的是有百害而无一利吗？它除了伤害我们，还有积极的作用吗？在讨论这个问题之前，我们先看几个生活中常见的情景：

- 当一辆汽车向你飞驰而来，你顿时感到极度害怕，心仿佛都提到了嗓子眼儿，同时快速地躲开……
- 临近论文提交的截止日期，你开始变得压力重重，无法放松，担心时间不够用，于是急迫地开始写论文……

第一章 | 无处不在的焦虑

像这样的例子,在我们的生活中举不胜举。或许正是我们的焦虑和担忧,让我们在面对危险或威胁的状况时产生预警,并快速采取有效的行动,从而避免潜在的负面甚至灾难结果的发生。面对飞驰而来的汽车因恐惧而快速避开,为规避因无法按时完成论文所带来的后果而加速论文写作进程……所做的这一切都是为了自身的安全与发展,也就是为了能够更好地活着,而焦虑与恐惧促进了相应保护行为的发生。

其实从远古时代开始,我们的祖先便已经出现了焦虑。焦虑是遗传进化的产物,是一种历经百万年进化而来的能力。

在远古时代,我们的祖先生活在一个充满危险的世界,要时刻面对来自猛兽、饥荒、疾病、部落争斗以及各种自然灾害的威胁。他们需要时刻保持高度警惕,只有懂得未雨绸缪,才能顺利地生存下来。高度的警觉让他们可以时刻留意周围可能存在的危险,那是一种预警;而恐惧则会激发人体的快速逃逸反应,帮助他们远离各种危险。他们必须思考得更多、更全面,才能够有效地识别出各种潜在的危险性因素并加以避免。与此同时,他们需要更好地谋划未来,比如如何抵御外族入侵、自然灾害等。总之,他们不得不去关注各种负面甚至灾害性的因素,以便做到防微杜渐。焦虑使他们可以趋利避害,建立自我保护机制,从而更好地生存。这也是焦虑的合理性机制。

历经百万年,社会意识形态已经发生了翻天覆地的变化,然而我们从祖先那里继承下来的那套"焦虑模式"似乎并没有太大的

无惧焦虑

改变。它就像烙印一样刻在了我们的基因里，成为我们的"遗传编码"。通过前面的几个例子，我们可以看到焦虑的确在很多时候起到了保护我们的作用，并且帮助我们有效地规避了不好的结果或不必要的麻烦。但是当今的文明社会并不像远古社会那样时刻面临着生存威胁。那么，我们显然没有必要时刻保持高度的警觉，努力搜寻一切可能的危险因素。

请不要忘记我们的初心：努力寻找各种危险与威胁因素的目的是规避或消除潜在的威胁与风险，从而获得我们期望的好结果。然而我们对于各种负面可能性的过度关注却强化了焦虑情绪，让各种假想的灾难后果充斥在我们的脑海中难以消散。大脑就像上了发条一样不停地运转，各种可能的糟糕后果不断涌现，让我们一刻不得闲。

但是，很多担忧并不是客观理性的，其更多地源于我们的直觉判断或仅仅是假想结果。例如，领导与我谈话时一直板着脸，我猜想，他应该不喜欢我；我对同事的观点没有表达赞同，担心会不会得罪他；反复回想刚才与客户交流时自己有没有说得不妥之处。当被各种想象中的纰漏与错误的念头充斥时，你可能正处于一种"神经质"状态，被焦虑情绪淹没了，并且感到无比痛苦——恰恰得到了与我们预期相反的结果。

虽然从进化角度看，焦虑赋予了我们更多的安全可能，但过于敏感的"预警系统"会使我们饱受焦虑情绪的折磨。焦虑，是与生俱来的一种情绪，难以完全消除。相反，如果焦虑完全不复存在，我们就会将自己置于险境，比如你会对一辆向你飞驰而来的汽车无动于衷。因此，需要澄清的一点是，我们的最终目标并不是完全消除焦虑，而是将其保持在适当的范围内。

例如，一个学生在备考阶段感到些许紧张，这种状态可能更有利于激发他的学习动力，抓紧时间，专注于复习功课。但如果该学生焦虑得已经坐立难安，心率过快，呼吸困难，这时恐怕就无法专注于学习了。焦虑情绪与效率的倒"U"曲线，揭示了焦虑情绪在一定程度上与工作（学习）效率呈正比关系，即随着压力水平的升高，效率也会随之增加，但当焦虑情绪增加到一定程度后，工作（学习）的效率则会随压力水平的不断升高而下降。

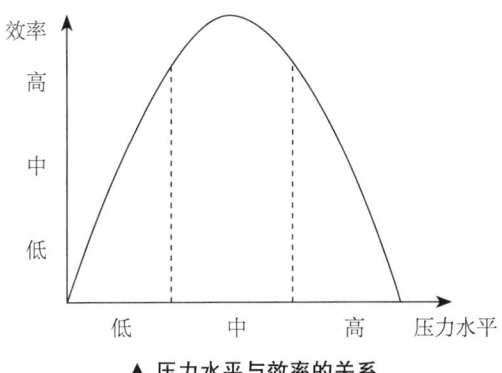

▲ 压力水平与效率的关系

因此，我们可以将焦虑视为一把双刃剑。它不仅会帮我们识别和预警危险以及各种可能的负面后果，还会严重地侵袭我们的情绪。面对焦虑，关键是要将其控制在一个合理的范围内，而非彻底地消除。事实上，我们在一生中也不太可能做到完全没有焦虑情绪。

第二章

我是焦虑症患者吗

引发焦虑的易感性因素

生物—心理—社会模式提出，生物因素、心理因素以及社会因素，它们作为一个整体共同制约并影响着人们的身心健康与疾病的发生。很多心理问题，并不是单纯的心理因素作用的结果，而是由其生物学基础以及社会因素共同作用的结果。焦虑亦是如此！焦虑情绪的产生往往是生理易感性、心理易感性以及社会压力因素共同作用的结果。

我们先通过一个例子来说明引起焦虑的原因。

陈女士在某知名外资公司从事金融工作，现年32岁，未婚，公司中层领导。她因与上家公司有矛盾而主动离职，在年初换了这份工作，压力很大。她工作非常努力，希望能得到领导与同事们的认可，几乎每个周末都在加班，感到很疲惫。

好在经过几个月的努力付出，陈女士得到了领导的认可。可同时她也注意到，自己的一位年轻女下属工作非常努力，业绩又好，每天像打了鸡血一样，看不到一点儿疲惫感。陈女士突然感觉自己已是强弩之末，力不从心，无论是体力上还是能力上，她都有所欠缺。随着危机感的不断加剧，她不仅感到职位不保，还觉得自己最终会被公司淘汰。在这样的情况下，陈女士对每天繁重的工作渐渐感到乏力。

此外，她的感情也出现了问题。三个月前，她与男友分手了。陈女士想到，自己在年龄上已不占优势，如果不能尽快找到合适的伴侣，以后年龄越来越大，作为大龄产妇，未来生育会有麻烦。如果再失业了，没了收入……想到这些，陈女士感到很紧张、烦躁，情绪低落，对未来的人生充满了担忧与恐惧。

其实，在同事眼里，陈女士是一位很漂亮、优秀又独立的职业女性，只是她自己没有看到自己的好。在她看来，那些做得好的方面都是应该的，并不是因为自己优秀；可是反过来，当工作达不到预期时，她却会不断自责、愧疚，认为是自己的问题。

陈女士的焦虑自初中时便出现了。那时她总担心功课复习得不好，考试考不好。虽然成绩名列前茅，但她总认为自己学习成绩一般。她有时因高强度的学习而倍感压力重重，晚上失眠，又担心会影响第二天的状态及身体健康；身体稍微有些不适，她便特别紧张，担心自己得了大病。

陈女士为何会产生这样的焦虑呢？这与她母亲自身的特点及教育方式难脱干系。陈女士的母亲曾患有焦虑症，平时生活谨小慎微，对很多在别人眼中根本不是问题的事情很担忧，凡事总是想到最糟糕的结果。她对陈女士一直要求很严格，要求陈女士在各方面都要做得更好，但对于陈女士做得好的方面很少表扬，对做得不好的方面却倍加指责、批评。她认为表扬容易引起骄傲，只有将问题都指出来，不断地批评鞭策陈女士，才能使陈女士不断进步。此外，她还经常说陈女士考虑问题不够周全，没有将很多事情可能产生的负面结果预料到。母亲的教育和影响都使陈女士在面对各种事情时变得格外小心谨慎，总是担心事情可能会出现的各种负面结果。

1. 生理易感性

陈女士的事例仅仅是众多焦虑案例的一个缩影。在临床上，我们经常会发现焦虑者的直系亲属（如父母）和他存在着相同或相似的问题。焦虑经常以家庭或族群的形式出现。比如，陈女士的母亲本身就是焦虑症患者，经常为一些小事担忧不已。可见，焦虑常以遗传的形式得以延续和存在，因此遗传是产生焦虑的重要的生理易感性因素。

研究表明，遗传因素对于焦虑及其他情绪障碍的人格特质影响约在30%—50%之间。[1]像"紧张""高敏感性""神经质"等与焦虑密切相关的特质同遗传因素关联紧密，这种遗传因素可理解为继承了对环境变化呈现高敏感性的生理反应倾向性。尽管目前并没有发现某种确凿的"焦虑基因"，但研究者认为位于染色体不同位置

---

[1] [美]戴维·H·巴洛. 焦虑障碍与治疗[M]. 2版. 王建平，傅宏，译. 北京：中国人民大学出版社，2012：192.

的多种基因，其共同的相互作用构成了焦虑的广泛性生理易感性。这种遗传性的影响在家庭中可能会以不同的方式出现。例如，父母患有焦虑症，其孩子可能以强迫症或其他形式来呈现这种继承性。

事实上，遗传基因的影响广泛存在于多种精神障碍中。例如，大家所熟知的精神分裂症，就是一种明显的具有基因倾向性的精神障碍。一项遗传研究表明，精神分裂症的直系亲属患精神分裂症的概率为1.4%—16.2%，且呈现出亲属血缘关系越近、患病风险越大的趋势，相较于健康的对照组，后者直系亲属患病率仅为0.2%—1.1%。[1]

不过，继承了焦虑的遗传基因并不一定会发展成为焦虑症，我们也不该在焦虑问题上成为"宿命论"者。因为除了遗传基因，后天环境同样扮演着重要角色，它与遗传基因相互关联、相互作用，共同影响着人的焦虑情绪。例如，一个人虽然具有焦虑症的家族史，但后天所经历的生活压力事件少，并且有良好的心理应对方法与技巧，在这种情况下，他发展成焦虑症的概率就相对较低。

事实上，即便具有遗传的生理易感性因素，只要不同时具备导致焦虑产生的心理易感性因素，遗传因素也很难单独有效地构成焦虑情绪状态的基础，其可能的结果多半仅会表现出一种情绪化的倾向。[2] 从神经解剖的角度来看，前额皮质—杏仁核—丘脑的功能和

---

[1] 陆林.沈渔邨精神病学[M].6版.北京：人民卫生出版社，2018：302.
[2] [美]戴维·H·巴洛.焦虑障碍与治疗[M].2版.王建平，傅宏，译.北京：中国人民大学出版社，2012：193.

结构异常是导致焦虑障碍的病理机制之一。[①] 此外，各种神经递质的失衡也是形成焦虑障碍的重要神经生物因素，比如肾上腺素与去甲肾上腺素的增多等。

2. 心理易感性

除了遗传基因这种广泛性生理易感性的影响，心理易感性对于焦虑状态的最终形成，也起到了至关重要的作用。它是个体在面对压力或威胁事件时将产生一系列反应与解读的心理基础。心理易感性与生理易感性共同构成了焦虑情绪形成的基础。

心理易感性因素又分为广泛性心理易感性与特殊心理易感性，前者作为各类焦虑症的心理易感性基础，主要表现为失控感或不可掌控感；而后者则是导致发展为不同类型的焦虑症所习得的不同经验。

从前面的案例可以看到，陈女士在面对优秀的下属时，心里产生了强烈的职业危机感与力不从心感。她担心自己终将被淘汰，想到自己未来可能会失业，加之刚与男友分手，年龄的增长以及由此产生的担心，使她生出了许多焦虑。在陈女士的感知中，这些事对她而言都是不可控的，也是无法预测的。当她意识到这些威胁性因素的存在，而自己又无法掌控且无力去改变时，她便产生了强烈的焦虑与担忧。相反，如果她感觉一切尽在掌握之中，对未来又充满

[①] 陆林. 沈渔邨精神病学[M]. 6版. 北京：人民卫生出版社，2018：425.

确定感，这种焦虑自然会减少很多。由此可见，在面对压力事件时，对该事件的不可控感或不可预测性是焦虑和担忧产生的重要心理易感性因素。当我们对自身所处的状况或环境感到无法掌控时，我们往往会产生较重的焦虑。因这种不可控感带来的焦虑体验，有时还会刺激抑郁反应，将当事人从不可控感引向无望感。这也从另一个视角解释了焦虑与抑郁经常相伴出现的原因。

然而，并不是所有人在面对无法掌控或不可预测的事件时都会产生失控感。这种不可控感的形成与早年父母对待孩子的教养方式有着明显的关系。试想，当我们处于婴幼儿时期时，由于自身能力所限，吃饭、喝水等大量的行动都需要父母或监护人协助完成。当我们的需求不能得到及时回应或满足时，对于外部世界的不可控感便油然而生，这就是促发焦虑形成的最早期环境因素。

除了这个因素，留守儿童面临的分离焦虑、弃儿对身世的不可预知，以及许多儿童早期经历的诸如繁重的学习任务、超龄的知识学习、达成过高目标的要求等过强的活动所产生的压力，都会引发早年的失控感和无能感、无望感。

例如，在前面的案例中，陈女士从小生活在她母亲的严苛要求之下，虽然成绩很好，但由于被母亲打压、否定与指责，久而久之内化了母亲对自己的评判标准，使之成为自我认知的重要部分，从而形成了概念化的自我，即使自己事实上很出色，她也感受不到自己的优秀。这种人格的形成，与其母亲长期打压式的教育理念有着密不可分的关系。在这种教育下，陈女士早已形成了完美主义的极端思维,即做得好是应该的,做得不好或者不够好则是差劲的。

为了规避母亲的指责与惩罚,她不得不去追求更好的结果,但伴随而来的不是收获的满足,而是面对未知考试的强烈担忧与恐惧,并且在这种担忧与恐惧之下,被动地从母亲那里习得了聚焦事情可能发生的负面结果的特性。这种特性促使她从童年起便更多地关注负面的可能性,结果在其成长过程中,当面对未知、无法掌控的事件时,她就会产生恐慌与无助感。

你如果是那种对孩子充满关爱与呵护的父母,那么有没有可能掉进一个与上述漠然、充满指责与否定的教育模式截然相反的教育误区,即"过度呵护""事事操劳"的坑里呢?在生活中并不难发现这样的父母:他们对孩子百般呵护、过度保护,事事都为孩子安排好,生怕出现一点儿差池。

在我的来访者中,有一些孩子已经上初中了,可是每天还要父母帮着穿衣服、系鞋带,甚至洗澡;还有一些孩子已经上高中了,每天还要父母接送,从来没有独自出过门。造成这种结果的主要原因在于父母,他们对孩子事事都要管,孩子都上中学了,连穿什么衣服、留什么发型都要干涉。孩子在这种过度呵护、溺爱或高度控制的环境下成长,丧失了自主人格,以及独立向外探索世界的机会,其结果是割裂了他们与外界的交流,使他们在面对外部环境时无法感受到切实的掌控感,也缺少相应的应对技能。当他们要独自面对外部环境时,他们就会感到世界充满了威胁、危险与不可控感,从而导致了焦虑或抑郁的产生。

在孩子的婴儿时期，父母便需要为他们提供温暖、安全、充满支持的成长环境，并对他们的各种需求与情绪表达给予及时的回应，从而增强孩子对环境的掌控感。例如，孩子因饥渴而哭闹，父母要及时给孩子喝水；当孩子对自己微笑时，要及时予以微笑的回应。通过这些回应，孩子可以感受到——自己的举动能够切实地影响周围的人，从而对自己的行为形成正向的可预测性并增强自信，进而加强对外部世界的掌控感。

从孩子的幼儿时期开始，家长便应鼓励并提供更多的机会让孩子独立地探索世界，培养其适应生活的新技能，从而增强他们对事物及周围环境的掌控感。随着孩子年龄的增长，父母或监护人的保护与干涉都应逐步减少，让他们独立地思考、行事并且参与家庭事务及其他的各种决策，通过这种方式锻炼他们独立自主的人格，从而增强其对各种事情的驾驭力与掌控感。

除了上述的不可控感，形成焦虑的心理易感性还表现为对既往经验的习得，这种习得的经验多以"假警报"的形式出现。与之前不可控感所带来的广泛性担忧不同的是，对既往特殊经验（假警报）的习得常将焦虑锁定在某些具体的反应或事物上。

比如，我们从小被告知多数毛毛虫是有毒的，触碰它会中毒，产生不可预期的严重后果，尽管我们从未被它真正地伤害过，但是这种习得的经验却促使我们对毛毛虫产生了特定的恐惧，甚至任何毛毛虫可能出没的地方都成为恐惧的对象。

再比如，当脑海中冒出可能没锁好门导致家中被盗的可怕想法时，我们就会被这个想法吓倒，从而产生强迫思维或行为；从小被教育要在别人面前表现好、要得到别人的赞赏与好评，长大后我们就会在别人面前更加在意自己的形象与表现，以及他人对自己的评价，从而促发社交恐惧症的形成；当我们了解到心慌气短、胸闷等症状表现可能预示着心脏病的发作，一旦身体出现类似的症状表现——尽管只是焦虑情绪所引发的躯体症状——高度敏感的"假警报"便会拉响，令我们陷入极度的恐慌，进而促发惊恐发作。尽管这只是虚惊一场，但强烈的躯体反应足以让当事人对此类症状产生恐惧，极力回避其再次发生，并对于可能的、不可预测的下次发作，产生预期性焦虑，对于任何细微的躯体反应变得极为敏感。

由此可见，在广泛性心理易感性（失控感）的基础上，这种由早年习得的负性经验所构成的特殊心理易感性，揭示了不同的焦虑障碍形成的另一心理因素基础。

这三重易感性构成了不同焦虑障碍形成的基础，它们协同作用，任何单一的因素都无法构成焦虑障碍。广泛性生理易感性（遗传基因）与广泛性心理易感性（不可控感）的协同作用，构成了与焦虑及抑郁密切相关的一些负面人格特质，如低自尊、低自信、悲观等，在这种情况下，当焦虑者遇到生活压力事件时，这些人格特质便会发挥作用，导致焦虑者出现焦虑或抑郁的症状。

这种不可控的心理易感性会令当事人在面对诸多事物时产生明显的无法预测以及难以掌控感，并由此引发焦虑和担忧。它是促使焦虑者在面对压力事件时产生负面认知偏差的基础。这种不可控感也是广泛性焦虑症形成的心理基础，即对于不同的事情都会产生由于无法预测或难以掌控而带来的担忧。然而，当焦虑的对象指向某一特定事物时，比如持续地担忧身体的症状或对他人评价的过度敏感等，早年习得的某些特定的负性经验就可能被激活，继而成为相应的焦虑障碍的具体心理成因。

  导致焦虑情绪产生的三重易感性，是焦虑形成的基础。需要注意的是，这种焦虑常常会由社会压力事件引爆。对于不同的人来说，引发焦虑的社会压力事件可能不尽相同。在前面我们谈到的陈女士的案例中，陈女士所面临的压力事件就有繁重的工作、失恋以及假想的竞争对手。对大部分人来说，生活中的某些重大事件更易成为他们共识的社会压力事件，例如离婚、失业、亲人离世、重大经济损失等。这些压力事件，使得本就具有焦虑特质的人会在某一瞬间将累积的焦虑情绪爆发出来。一个人如果同时具有多重的焦虑易感性特质，那么只要出现压力生活事件，就可以很容易地将其焦虑情绪引爆。

▷▷▷
评判焦虑状况的四个维度

你可曾思考过一个问题：既然焦虑在我们的生活中无处不在，而且无法被彻底消除，那么什么样的焦虑状况属于正常范畴，而达到何种程度的焦虑应引起重视并及时就诊呢？在临床实践中，如"我的焦虑是不是很严重？""医生，我已经担忧、烦躁好几天了，我是不是得了焦虑症？""我的焦虑如果不吃药能好吗？"等都是我经常被问到的问题。

请大家思考一下，你是如何评估自己的焦虑情绪的，它是正常还是异常呢？是什么表现让你认为自己患上了焦虑症呢？你的评判依据是什么呢？

带着这些问题，我们先来看几个例子，并请你认真评判以下几种情况是不是焦虑症：

- 这一周多以来，你工作非常忙，每天都要加班到深夜。晚上，你躺在床上，满心想的都是工作的事，并为此失眠了。你不停地担心工作无法完成，担心不能获得领导的认可，感到非常焦躁，这种紧张状态已经持续近两周了！

- 超市里人很多,空气不流通。你突然感到烦躁、心慌、憋闷、心跳加快,呼吸也变得急促起来,感觉眼前的事物都变得失真了,好像马上就要晕倒,此刻你感觉自己的恐慌达到了极点。你以前从未发生过这样的情况。
- 数年来,你感觉自己经常会对不同的事情产生担忧,时常预想到其可能发生的负面结果,遇到重要的事情便会出现这样的想法。但是,你有时又认为担心的结果并不一定会发生,而且这种负面的念头以及担忧的情绪经常会转瞬即逝。

对于上述三种情境,你认为当事人达到焦虑症的标准了吗?要回答这个问题,你首先需要知道何谓"正常"与"异常",它们的判断标准到底是什么。

在临床实践中,每一种焦虑症都有明确的诊断标准,包含具体的症状表现、病程时间、排除因素以及鉴别诊断等条目。只有那些达到了相应诊断标准的状况才可以被称为"障碍"(就是我们通常所讲的"心理疾病")或"症",也就是我们常说的"异常"状态,而未达到相应诊断标准的状况就在"正常"的范畴内。然而"正常"也并非指毫无焦虑情绪表现的绝佳心境状态,正如前面我们所讲,焦虑情绪遍布我们的日常生活,也就是说,正常的焦虑状态也可以存在担忧、紧张甚至明显的恐惧。是否达到诊断标准,即是否处于异常状态,需要进行全面的临床评估,不能依靠单一的症状来判定。

而且，我们需要区分"症状"与"障碍"或"症"的概念，并不是说具有担忧或烦躁等焦虑症状就是得了焦虑症，也不是出现了抑郁症状及相关临床表现就是得了抑郁症。同理，其他类型的心理障碍亦是如此，不是说具有哪种心理障碍的症状表现就说明已产生了该心理障碍，我们还需从诊断学角度考虑许多其他因素。

我们可以将"正常"与"异常"的状况看作一个相对的概念。"正常"与"异常"各自是一个区域，而非一个点。我们可以将"健康"到"病态"的进程看作一条线段，每个人都是分布在这条线段上的一个点，它是一个连续、渐进的过程，存在灰色地带。

我们可以通过一些切实可行、简单易操作的方法对自己当前的焦虑状况简要地判别，大致了解当前焦虑的严重程度，从而决定是否需要寻求专业人士的帮助。从常识角度来看，症状表现越复杂多样，越影响正常生活，就越提示一个人的焦虑状况已趋于严重。然而，严重的程度也并非唯一的评判标准，在临床上还需要结合其他的相关表现或因素进行全面的评估。

针对焦虑状况，我们可以从以下四个维度来进行简要评估。

1. 病程时间

我们可以简单地将其理解为症状所持续的时间。从临床诊断的角度来看，每一种心理障碍都有其特定的病程时间，即症状持续多久才达到"障碍"或"症"的时间标准。例如，被称为慢性焦虑的广泛性焦虑症的病程时间标准为至少 6 个月，也就是说相关的焦虑症状要持续至少 6 个月才能达到病程时间的诊断标准；而被称为急性焦虑发作的惊恐障碍的病程时间标准为 1 个月；其他如社交恐惧症、广场恐惧症以及特殊恐惧症等焦虑障碍的病程时间标准均为 6 个月。也就是说，即使症状表现很明显或严重，但没有达到相应的病程时长，也不能被诊断为相应的焦虑症。所以，前面第一种情境中当事人的焦虑情绪仅出现了不到两周时间，而第二种情境中当事人的惊恐发作仅仅是第一次发生，根本达不到"障碍"或"症"的病程时间标准，仅从这一点我们就不能将其判定为焦虑症。

由此可见，日常生活中大家真的不必为自己短暂出现的、一次性的焦虑情绪而感到过分担忧与紧张。很多时候焦虑情绪会随着所遇到问题的解决而自行消退。

2. 心理功能的紊乱与失调

它是指在情绪、认知及行为功能上的紊乱与失调状态，比如过度的、难以控制的紧张或担忧，注意力或记忆力的明显减退，失眠等功能性的异常状态。这些失常及紊乱的状态可以令你明显地感觉到自身状况在朝负向改变，比如情绪的烦躁、认知功能的下降等。

我们可以通过焦虑的严重程度来评估并区分一般性的正常焦虑和病理性的焦虑。一般性的正常焦虑往往对心理功能的影响不大，而且是可控、可调节的，随着担忧事件的消除会很快恢复平静。然而，病理性的焦虑会明显地侵扰你的心理社会功能，其焦虑程度是过度且难以控制的，比如，令你根本无法工作的过度担忧、无法入睡的持续性焦虑，以及引起持续性胃疼的高度紧张等。可见，前面提到的第三种情境也没有达到焦虑症的标准。尽管第三种情境中当事人的病程时间持续得足够长，但其焦虑症状表现很轻微（转瞬即逝），且其焦虑状况不是过度的，而是可控的，并没有明显地影响生理与心理的功能，因此也不能将其判定为焦虑症。

对于很多正常人而言，第三种情境中当事人的反应在生活中是经常出现的。当遇到重要的事情时，人的大脑经常会很快地想到可能发生的负面结果，但担忧及负面的想法很快就会被理性替代，并不会因此产生持续的焦虑情绪。但是，如果这种焦虑担忧已经严重到令当事人感到寝食难安、失眠健忘、情绪明显异常等，就说明其心理功能已处于紊乱与失调状态。

除了焦虑严重程度的不同，心理功能的失调也会表现在焦虑的对象、焦虑的时长以及焦虑的结果上。例如，在日常生活中，正常的担忧可能在同一时刻仅聚焦在某一件对自己而言重要的事情上；而广泛性焦虑症的焦虑则往往是广泛且带有弥散性质的，它会使当事人经常为一些在正常人眼中微不足道的事忧惧不已。

此外，从病程时间标准可知，病理性的焦虑往往持续时间很长，占据了每天大量的日常生活时间，而非病理性的焦虑所持续的时间往往是短暂的，比如几天后焦虑情绪就会消失，或者每天焦虑持续的时间并不长。

最后，从焦虑的结果我们也可以看出，非病理性的焦虑由于并不会影响我们的认知能力，如注意力、记忆力以及问题解决能力等，因此它不会对我们的日常生活产生明显的负面影响，而病理性焦虑则恰恰相反。

对于心理功能失调与紊乱的辨别，一个简单易行的方法是：将当前的心理与情绪状态同以往正常状况相比较，看是否发生了明显的负向变化。如果情绪处于焦虑状态，还伴有明显的躯体症状，如头痛、头晕、胸闷等，则说明焦虑的程度可能已较为严重，因为我们日常生活中的正常焦虑较少伴有躯体化症状。

3. 明显的痛苦感

伴有明显的痛苦感是不同焦虑症所共有的临床表现。当焦虑者处于紧张、担忧、烦躁不安、冲动易怒、心慌心悸、躯体不适等状态时，焦虑情绪都会引起焦虑者明显的痛苦感；当程度更严重的焦虑发作时，如惊恐，甚至会令焦虑者产生一种濒死体验。除了焦虑情绪本身所带来的痛苦感，焦虑所引发的痛苦感也来自持久且难以控制的焦虑体验（希望控制住焦虑但又控制不住，将引发更强烈的焦虑情绪反应），以及正常心理功能与社会功能损害。

需要特别提示的是，尽管焦虑症会伴随明显的临床痛苦，但不是所有的心理障碍都伴随强烈的痛苦感，而没有"强烈的痛苦感"并不一定就代表问题很轻微。一些重度心理障碍当事人，由于自知力的缺乏，知觉出现明显的扭曲或情感处于淡漠、麻木状态，他们感觉不到明显的痛苦，但这种问题可能更加严重，所以要特别注意。

4. 社会功能

这里的社会功能指的是一个人能够有效地处理日常生活事务所需要的能力，及其社会适应能力的状况，比如工作能力与人际交往能力。社会功能是否正常，间接地反映了个体的心理状态及心理健康水平。社会功能的损坏程度，可在某种程度上反映个体的心理功能丧失及心理异常的程度，两者有着较为密切的关系。

例如，一个人虽处于焦虑状态，但仍可上学、上班，且效率并没有明显下降，说明其社会功能相对正常。反之，当事人如果被焦虑影响得学习、工作效率大为降低，并且难以维持像以前一样正常读书、劳作，说明其社会功能已明显受损；当事人如果因焦虑已根本无法正常学习、工作，说明其社会功能已丧失。由此可以看出，社会功能也是衡量心理问题严重程度的重要指标。

以上四点是关于正常与异常焦虑的自我评估的参照依据，可作为自我初筛、评估焦虑严重程度的参考。

判断自己焦虑的状态正常与否、是否已达到"症"的程度，通常要结合症状的严重程度、病程时间、临床痛苦感以及社会功能等方面进行综合评估。在日常生活中，我们不必草木皆兵，对一些刚刚出现的轻微的情绪反应或状况过度地担忧。然而，一个人如果符合上述的条目很多，甚至每一条都符合，即持续的病程时间很长、心理功能受损程度很高（症状严重）、痛苦感强烈，以及社会功能受损程度严重，就提示他当前的问题状况可能很严重。此时他应及时就诊精神心理科，以获得专业的评估与诊断。

必须说明的是，上述四点自我评估参考并不能作为自我诊断的依据。每一种心理障碍都有其明确而详细的诊断标准，临床心理障碍的评估与诊断是一项专业性极高的工作。在中国，只有精神科医生才能进行相应的医学诊断，我们切莫自行诊断，以免贻误病情，也不要盲目依据自身症状表现对号入座，造成不必要的恐慌。

最后，我们再来看看焦虑障碍的家族成员。依据美国《精神障碍诊断与统计手册》第5版（简称DSM-5），焦虑障碍分为分离焦虑障碍、选择性缄默症、特定恐惧症、社交焦虑障碍（社交恐惧症）、惊恐障碍、广场恐惧症、广泛性焦虑障碍、物质/药物所致的焦虑障碍、由其他躯体疾病所致的焦虑障碍、其他特定的焦虑障碍以及未特定的焦虑障碍。每种焦虑障碍的具体临床表现、指向的焦虑对象、病程时间不尽相同。

从病理时间来看，选择性缄默症、惊恐障碍与广场恐惧症的病程时间为1个月；分离焦虑障碍、特定恐惧症、社交焦虑障碍、广泛性焦虑障碍则为6个月。

从指向的焦虑对象来看，广泛性焦虑障碍更多地表现为对日常生活中不同事件的难以控制的过度担忧和焦虑，其担忧的事件多为一些在他人眼中不足以引起焦虑的生活琐事，焦虑表现有时明显而强烈，有时不强烈，并多以慢性担忧的形式呈现出来；与之相对应的那种敏锐而强烈的焦虑发作，常伴有心悸、心慌、心率加快、震颤发抖,甚至感受到濒死感(惊恐发作的主要表现),此时当事人非常害怕自己失控,并且担忧症状再次来袭——这往往是惊恐障碍的核心表现;这种惊恐发作如果仅发生在某些特定的场合或情境下,比如地铁、拥挤的超市或独自远行的路上等,则要考虑有广场恐惧症的可能;如果恐惧的对象是人,并在人际互动时表现出明显的害怕或恐惧,担心当众出丑或别人评价自己,并明显地回避引起恐惧的社交场合或人,则是社交焦虑障碍的典型表现;如果害怕、恐惧的对象是特定的事物或环境,比如动物、高楼或密闭的空间等,则往往是特定恐惧症的表现;而分离焦虑障碍则更多地表现为害怕或担忧与所依恋的对象(如父母)分离或失去他们,并且因害怕分离而产生社交退缩与回避。

依据焦虑情绪的不同表现形式,如缓慢且持久的担心或强烈且敏锐的恐惧、强烈且敏感的害怕与恐惧,也可将焦虑分为慢性焦虑发作和急性焦虑发作。如广泛性焦虑障碍,属于较为典型的慢性焦虑发作,症状持续且迁延时间长;而以立刻发生情绪反应的强烈的恐惧、恐慌感为特征的惊恐发作,则是典型的急性焦虑发作的表现,惊恐障碍与广场恐惧症就属于急性焦虑发作。

本书将会对以广泛性焦虑障碍为代表的慢性焦虑发作和以惊恐障碍、广场恐惧症为代表的急性焦虑发作进行详细、深入的探讨。

第三章

引发焦虑的思维模式及应对策略

（一）

偏差认知思维模式

我们通过几个例子深入看看引起焦虑的一些思维模式。

我们先想象一个情景：你正在山野的树林中悠闲地散步，突然前面窜出一头豹子，你瞬间陷入极度的恐惧，心跳加快，呼吸急促。你如果此刻还没有被惊吓得不能动弹，可能第一反应就是迅速地逃跑。你用最快的速度拼命地奔跑，跑了一会儿，你发现豹子并没有追上来，它在你的视线中已消失。你松了口气，极度紧张的心情稍微放松了些，于是停止了狂奔。你确定周围环境已经安全后，悬着的心也放下来，但还是感到后怕。

在上面这个情境中，你所做出的一系列反应很可能是自发的、自动化的过程，根本无须思考。但在这个过程中，是什么因素促使你做出了上述的一系列反应呢？这背后的心理过程又是怎样的呢？

请大家思考一个问题：为什么我们看到豹子会感到非常恐惧？

这个问题看似简单，却蕴含着影响情绪反应的机制。在我们产生直觉的恐惧反应前，大脑已经用极短的、不被我们察觉的时间对所遇到的状况进行了判断。我们的知识经验体系告诉自己，豹子是很危险的动物，我们无法战胜它，大脑便迅速判断出我们正处于危险状况中，由此引发了恐惧情绪，与此同时让身体做出逃逸的行为反应，以远离危险。我们的目标是脱离危险，所以大脑会不断地对环境进行判断，检验我们是否还处于危险中。当意识到豹子并没有追上来且已经远离我们时，大脑判断出我们已处于安全状态，此刻紧张、恐惧的情绪会随之缓解，相应地从行为上也会让身体停止逃跑的行为。

通过上面的例子我们或许可以体会到，想法或评判会影响我们的情绪与相应的行为，它们之间的关系可以通过"认知行为三角模型"来理解（详见下图）。事实上，很多时候情绪反应源于我们对所经历事件的想法或评判，而情绪又相应地影响着我们的行为。与此同时，我们的行为又会影响我们的认知与情绪反应。

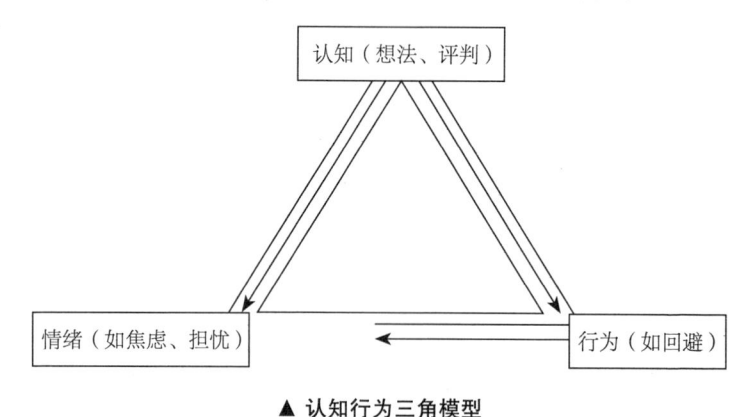

```
              认知（想法、评判）
                  /\
                 /  \
                /    \
               /      \
   情绪（如焦虑、担忧） ← 行为（如回避）
```

▲ 认知行为三角模型

比如，我们遇见豹子会逃跑——这个行为的目的是通过逃逸获得安全。当我们逃离了危险，确定安全后（认知判断），我们紧张

第三章 | 引发焦虑的思维模式及应对策略

与恐惧的情绪会随之平复,逃逸的行为也会随之停止。可见,我们对所经历事件的想法与评判会引发焦虑、恐惧等情绪,并且会让我们做出相应的行为。

很多时候,人们在不经意间的想法或评判便会引发相应的情绪反应,比如焦虑等,这些想法或评判甚至有时并不为人们所察觉。我们将这种无意识的、未经努力思考的、直觉性的思维反应称为"自动化思维"。

1. 灾难化想法

林小姐一直不敢乘坐飞机,她总是认为飞机不安全,担心自己坐飞机会遭遇空难。朋友们都告诉她飞机安全系数非常高,甚至比汽车还要安全。但她经常以在新闻中看到的空难事件来反驳朋友们,比如某某地又发生飞机坠毁事件,机上人员全部遇难等。一想到这些,林小姐就非常恐惧,认为乘坐飞机是件很可怕的事情。她认为,只要存在一起空难事件,就说明乘坐飞机是不安全的;只有安全率达到百分之百,才能证明乘坐飞机是安全的,那样自己才敢乘坐飞机。

原来,林小姐在三年前曾有一次不愉快的乘坐飞机的经历。当时她到国外出差,由于持续的高强度工作导致身体疲惫,精神状态不佳。飞机正好遇到强气流,剧烈地颠簸。林小姐不知发生了什么事,第一个念头就是"糟了,飞机出事了"。当这个念头出现时,她非常恐慌,在强烈情绪的驱使下,她感到心率加快、心慌、心

049

悸、胸闷，呼吸也变得急促，仿佛心都要蹦出来了。她全身肌肉高度紧张，几乎无法动弹，此刻想到飞机可能马上就要坠毁了，死亡即将来临，她几乎快昏过去了。直到飞机平稳降落后，她那颗悬着的心才放下来，情绪才恢复平静。从此，她发誓再也不坐飞机，感觉在"天上飞"太不安全了，随时可能会掉下来。

林小姐平时就是一个容易焦虑的人，活得谨小慎微，对工作认真负责，不允许出现一点儿疏漏。工作上哪怕存在一丝负面的可能性，也会令她感到惴惴不安。她总是更容易发现事情不好的一面，关注各种可能的负面结果，并经常因此陷入紧张、担忧的情绪。她认为，只有将各种负面的可能性都排除，才能确保得到好的结果。很多时候她自己明明知道所担心的负面情况发生的概率很小，但依然控制不住地担忧。

通过这个案例，我们可以看到，林小姐本身就具有焦虑的人格特质。她做事追求完美，不容出现一丝瑕疵，更多地关注事情可能发生的各种负面结果，久而久之，便养成了习惯性的负面聚焦。凡事先从负面的角度去思考，快速地寻找并发现事情可能出现的负面甚至灾难化的结果——这种思维模式决定了她在飞机上遇到强气流时的一系列反应，导致她后来不敢再乘坐飞机。那么，我们具体来看看，到底是哪些不合理甚至扭曲的思维模式或想法引起了林小姐对乘坐飞机的焦虑与恐惧呢？

林小姐对乘坐飞机的恐惧源于她曾经在飞机上经历的颠簸事

件。飞机在飞行时遇到强气流发生颠簸本来很正常，但林小姐的第一反应却是"飞机出事了"。虽然剧烈的颠簸不是飞机飞行时的常态，并且它确实令人感到不适，但是将其解释为"飞机出事了"显然夸大了事实。"飞机出事了"虽不是客观事实，但这个想法真实地引发了林小姐极度紧张、恐惧的情绪，且伴随着心慌、气短、肌肉紧绷等一系列的躯体表现。在这种高度紧张的状态下，林小姐又冒出了更为可怕的想法——"飞机要坠毁了，自己马上就要死了"。这种极端负面的想法常将当事人带入假想的最坏的情境中，并引发极度的焦虑与恐慌。

在缺乏客观依据的情况下，当事人所假想到的最坏的结果常被称为"灾难化想法"。

2. 选择性概括

飞机颠簸带给林小姐强烈的紧张、恐惧情绪，她由此认为乘坐飞机是不安全的。显然，这个推论并不合乎逻辑。而且，她对飞机失事报道的过度关注也强化了她对乘坐飞机不安全的认知。事实上，世界范围内飞机失事的事件偶有发生，其发生的概率与所有航班的飞行总数相比，是可以直接被忽略的。

像林小姐这样过多地关注负面信息，而忽略了对整体情况的关注，被称为"选择性概括"（也被称为心理过滤），即过滤了正面的信息，却将片面的、负面的状况视为事物的整体或全貌。这是一种常见的认知偏差，人们经常会从事物的某一个方面或某一部分评价整体。比如，在"盲人摸象"的寓言里，当盲人摸到大象不同的部位时，他们便想当然地认为那就是大象的样子。当然，这与盲人所摸到的大象部位相关，大象部位即我们所关注到的部分。尽管飞机失事的概率极低，但对此过度地关注会让我们错误地认为，飞机失事经常发生，导致我们的视野完全被"事故"占据，却让我们忽略了飞机近乎百分之百的安全性。正因为飞机失事的概率极低，所以飞机失事才会成为新闻，而飞机安全地抵达是从来不会被报道的。

而像"选择性概括"这种以偏概全的认知错误或许并不难应对。当我们对一件事或一个人做出某种评判时，我们不妨先别着急下结论，可以先分析所给出结论的依据是否充分、客观、真实。例如，支持这个结论的证据都有哪些？这个结论合乎逻辑吗？那些证据之间的关联又是什么？在已有证据的基础上还能得出其他结论吗？你如果害怕坐飞机，就可以问自己这样一些问题：认为乘坐飞机不安全的结论是怎么得出来的？是因为看到了飞机失事的报道吗？飞机失事的报道可以代表飞机飞行的整体情况吗？飞机失事的概率是多少？极少发生的飞机失事与自己乘坐飞机有什么关联呢？诸如此类的问题可以让我们更多地回归理性，做出更加真实合理的判断。

3. 绝对的控制感

但是，再低的概率也不能等同于零。尽管飞机失事的概率极低，但从理论上讲还是有可能发生的，这也正是林小姐害怕乘坐飞机的原因。虽然飞机失事发生的概率微乎其微，但飞机失事便意味着死亡，一旦遇到了，几乎就是零生还率。这也是很多焦虑者共同的心声。对于那些大众不以为然，发生概率低到可以忽略不计，但可能会产生严重后果的事情，他们不敢去尝试，因为他们很担心自己就是那个"幸运儿"。他们渴望完全掌控事物，当不能完全掌控时便会产生失控感，而这种失控感恰恰就是引发焦虑情绪的核心心理因素。我们将这种试图完全掌控事物的想法称为"绝对的控制感"。

"绝对的控制感"揭示了焦虑者对不确定性的担忧与恐惧，而相应的失控感则是引起焦虑的底层逻辑。焦虑者内心深处的不确定性与不安感往往使得他们更容易关注负面结果，捕捉到各种可能的"灾难化"后果，并深深地陷入想象中的灾难情景或后果。其实前面讲到的"夸大或缩小"也是一种对所经历事件的夸大化的消极暗示。

4. 对焦虑的正面认知

我注意到一个很有意思的现象：虽然很多焦虑者对焦虑情绪深恶痛绝，他们努力地想要摆脱焦虑情绪，但有一小部分焦虑者却在提醒并要求自己时刻保持着焦虑状态。因为这部分人认为，他们只有这样做，才能避免一些负面结果的发生，促使他们对某些重要的事情更加重视，从而产生更好的结果。而且，焦虑的状态也赋予了他们敬业、认真、负责的正面人设。

此外，有些焦虑者甚至认为，他们如果对某些事情提前开始担忧，可以产生心理预设，这样当不好的结果真正来临时他们就不至于那么难受。例如，有些焦虑者担心父母将来有一天会去世，他们无法承受，于是他们每天都对父母的生命健康高度关切，主动让自己处于紧张、担忧的情绪中，希望自己在父母真的去世那一天不至于崩溃。总之，在他们眼中，他们让自己保持焦虑是具有正面作用的，但同时他们又为自己的焦虑感受痛苦不已。

上述的这种认知思维模式，我们可以将其称为"对焦虑的正面认知"。

当然，引发焦虑情绪的偏差思维模式远不止上述这些。比如，追求事事做到完美，这也是很多人产生焦虑情绪的重要原因。现实生活中，很多成绩优异的学生或多或少都存在着追求完美的特性，他们事事要求自己做到"顶尖"，比如每次考试都要获得90分以上的成绩或者必须名列前茅等。严苛的要求一方面成就了他们的优秀，但另一方面也让他们焦虑不已。在他们眼中，结果只有"好""坏"之分，他们如果不能做到最好便是差的。为了避免坠入所谓的"差生"行列，他们非常努力，不允许自己有一点儿过失或瑕疵，对出现的每一个哪怕很小的错误都十分焦虑和懊恼，不停地担忧自己失去名列前茅的绝对优势地位。这种对于完美的执着追求通常是完美主义人格特质的具体体现。我们将在第五章对完美主义与焦虑的关系进行详细的探讨。

第三章 引发焦虑的思维模式及应对策略

在本节中我们讨论了引发焦虑情绪的一些偏差认知思维模式，下面我们将重点介绍与形成焦虑密不可分的灾难化想法、绝对的控制感以及对焦虑的正面认知。

▷▷▷
灾难化想法

人们对事物的评判和想法,会直接影响他们的情绪反应。我们通过一些生活中熟悉的片段来看看我们的思维是如何引发焦虑的。

- 张同学要参加高考,他十分紧张,害怕自己考不好,担心一旦考试失败了,就上不了好大学。尽管他的成绩平时还不错,但这种负面想法一直萦绕在他的脑海中,并让他产生了一系列负面的联想。比如,他如果考不上好大学,将来就找不到好工作;没有好工作,收入就会很低;收入低,生活就会拮据……一想到自己未来的"惨淡"人生,他便十分烦躁、恐惧,心慌气短,心乱如麻。
- 陈女士近来一直熬夜加班,感觉有些疲惫。在下班拥挤的地铁里,她突然感到闷热,心率加快,心慌气短,有些头晕,看眼前的事物也有些模糊。此刻的她十分害怕,想到自己会不会是心脏病发作了(虽然以前并没有心脏病史),她想马上冲到医院,但又无法立刻离开地铁……想到这里,她顿时一阵眩晕,仿佛要瘫倒在地上,马上就要死了。

- 付先生是个对工作认真负责的人，受到领导和同事的一致肯定。但他同时也是个缺乏自信的人，敏感又自卑，十分在意别人的评价。他在平时的工作中谨小慎微，生怕因哪里出错而影响领导对自己的印象。后来，公司业务萎缩，陷入了困境。领导表示，如果业务规模在一段时间内无法改善，公司便会裁员，因此鼓励大家努力搞创新。听领导这么一说，付先生十分紧张，认定自己将被裁掉，并为此非常焦虑。他还进一步联想到自己失业后没有了收入，无法养家，日子都过不下去了。想到此，他焦躁难安，心烦意乱，并且为此失眠了。

以上几个案例虽然情境不同，但它们有一个共同的特点：当事人想到的都是最糟的结果，并深陷在这种假想的结果中痛苦不堪。这种将可能发生的负面结果无限夸大的想法就是我们之前提到的"灾难化想法"。

1. 灾难化想法

灾难化想法是一种消极暗示。这种消极暗示在我们的生活中比比皆是，尤其是当人们评估一件事非常重要或困难，并且十分在意结果的时候，他们便很容易想到该事的负面结果，比如上面案例中提到的高考与失业。此外，人们在处于困境或身体不适时也容易联想到可能发生的"灾难化"结果，比如案例二中提到的陈女士。

很多人在生活中也会有许多的负面暗示或灾难化想法，但它们往往在脑海中一闪即逝。而焦虑的人对他们觉察到的可能的风险、负面的结果却十分敏感，并深陷其中，即便它们可能发生的概率很低。曾有心理学家称焦虑症患者为"快速寻找负面结果的专家"。焦虑的人总是能够比常人更快、更多地发现各种可能的负面结果，并为此焦虑不已，这与他们内心缺乏安全感与掌控感等心理特质相关。

人们会产生灾难化想法很正常，因为趋利避害是人类的天性，自我保护的机制决定了人们会对环境中可能出现的风险和威胁十分警觉。人们要想获得好的结果，便需要排除负面的结果，而人类思维的关联特性使人们很容易关注事物的对立面。例如，人们希望考试时能考好则担心考试失败，注重健康则担忧患病，追求工作的稳定则害怕失业。

大家可能都有过这样的经历：越想忘记的事却记得越清晰，越怕看到的事反而越会去想。这是思想压制与强化的结果。我们越害怕灾难化结果的发生，却越容易去关注它们，从而越会聚焦在可能发生的灾难化结果上。这种聚焦在无形中强化了对想象中的灾难化结果的感受，让我们深陷其中并产生强烈的焦虑感。正如德国诗人海涅所说，幻想出来的痛苦，一样可以伤人。

在前面提到的三个案例中，想象出来的灾难化结果有高考失利、猝死、失业，这些如果真的发生在现实生活中，相信对每个当事人而言都是灾难。但请不要忘记，这并不是已经发生的真实灾难，而是焦虑者假想出来的灾难化结果，可它真实地引发了强烈的焦虑感。

这类消极暗示有着不同的表现形式。比如案例二中的陈女士，认为自己心脏病发作，联想到可能猝死。这种因当事人想到并认为即将发生的最可怕、最糟糕的结果而导致焦虑情绪骤升或直接陷入崩溃的想法，被称为真正的灾难化想法。然而，很多消极暗示更像案例一中张同学与案例三中付先生的表现形式，遇到压力事件会产生与之相关的负面直觉反应。比如，面对考试压力会想到考不好，并在此基础上产生一系列纵深的连锁性负面暗示，直到在想象中让自己陷入"万劫不复"的灾难境地无法自拔。这个假想的灾难化结果相当震撼，但他最初的假设——高考失利只是一个假想的结果，而在此基础上的一步步负性推论自然也只是虚构的"幻象"而已，却引发了当事人强烈的焦虑感。

这种消极或灾难化的想法不但会引发焦虑情绪，还可能会进一步地影响行为，进而形成恶性循环。例如，很多学生像张同学一样，面对考试都会感到焦虑。最常见的自动化想法便是"考不好怎么办"。当想到考不好时，他们便会紧张、烦躁、害怕，而这种焦虑情绪又会进一步影响复习的行为，导致他们心烦意乱，很难踏实地看书，效率低下。在这种低效行为下，他们便会更加烦躁，因为"考不好"的消极暗示正进一步被强化，逐步将其引向焦虑的深渊。

2. 灾难化想法的应对策略

消极暗示和灾难化想法对我们的影响如此大，那我们该如何摆脱它们的束缚呢？我们可以从区分真实与假想的情景、评估灾难结果发生的概率并给出证据、发展可替代性思维三个方面入手。

消极暗示或灾难化想法中的情景并非真实的、已发生的结果，但当事人却陷入自己所构建的灾难情景，由此引发强烈的焦虑感。我们将应对"灾难化想法"的过程称为"去灾难化"，即阻断负面暗示。因此，我们就需要有意识地区分真实与假想的情景，回归现实，不被幻想出来的痛苦伤害。

我们再来回顾下前面提到的案例，张同学担心自己高考失败，然后直接想到未来生活拮据贫困，过着平庸又潦倒的一生。这里的"生活拮据贫困、过得平庸又潦倒"是假想的情景，而真实的情况是张同学正在积极备考，考试还未进行。陈女士在地铁里突然感觉身体不适，心慌，心悸，气短……她认为自己心脏病发作，马上就要死掉。这里的"心脏病发作，马上就要死掉"是假想的情景，而真实的情况是陈女士感觉身体不舒服，有些心慌，气短。付先生因为公司的业务出现困境，担心自己被裁掉，无法养家糊口。这里他所想到的"被裁掉且将无法生活"是假想的情景，而真实的情况只是公司的业务遇到了困境。很多时候，我们如果能够快速区分出真实与假想的情景，就会让焦虑程度迅速降低，甚至根本不会产生焦虑情绪。

在区分真实与假想的情景方面，我有两个小技巧，以供大家参考。

第一，我们在产生了负面想法后，可以第一时间快速问自己"当前真实的情况是怎样的"，以便将自己拉回现实。这么做的目的是增加现实的"确定感"，从而减少因不确定感带来的焦虑。这也是一种让个人回归当下"此时此刻"的技术。

第二，我们也可以在假想的灾难化想法前加上"我认为"或"我有个想法"。比如，将"高考失败后我将过得贫困潦倒"换成"我有一个想法，如果我高考失败了，我将会过得贫困潦倒"，这样做可以使我们的关注由第一人称视角转化为第三人视角，从而让我们跳出思维的桎梏，更好地从其他视角来观察这些想法，重新审视这些想法的合理性。

这两个技巧可以帮助我们把自己所认为的"客观事实"变为主观想法，从而弱化我们对"灾难"的感受性，动摇我们对想象中负面结果的坚定性。

除了区分真实与假想的情景，我们还可以进一步理性地分析想象中的"灾难"或负面结果可能会真实发生的概率，并提供证据。不难发现，尽管我们所担心的负面结果发生的概率并非为零，但是很多时候这些负面结果发生的概率非常低。我们可以用百分比表示我们所认为的灾难结果发生的概率，并且在此基础上列出相应的证据。比如，我认为有60%的概率会考不好，因为我还有很多内容没有复习完，时间很紧迫。同时，我们可以相应地列出相反的证据，即列出可以考好（40%的概率）的证据。比如，我在绝大多数情况下都考得不错，学习效率高。

当列出与直觉反应（假想的灾难结果）相反的证据时，我们很有可能因正向的聚焦而使主观评估的概率随之发生改变，比如张同学相信他可以考好的信念与信心可能随之增加。实际上，张同学在试图列出灾难化结果可能发生的证据时，就会发现，他根本找不出具体的证据，而假想的灾难化结果只是一种直觉判断下的情绪反应，或者他所列出的证据并不足以支撑他想象的灾难的发生。

当我们意识到灾难结果真实发生的概率很低时，我们可以进一步努力地挖掘并发展出其他更为适宜、积极的可替代性思维，以取代灾难化想法或负面暗示。简言之，针对消极的甚至灾难化的假想后果，我们可以寻找其他更为客观适宜的、正面的事物的可能性，以及可能发生的正向结果，这样有助于建立更多的确定感与安全感。当我们聚焦在正向可能性或结果时，我们的关注也会从假想的灾难化结果中脱离，从而减少焦虑情绪。

在前面提到的案例中，对于案例一的情景，我们可以想象一下：张同学如果高考失利，他的人生就会贫困潦倒吗？它们之间存在着什么必然的联系呢？退一步说，张同学即使没考上大学又能怎样呢？他的人生就一定是晦暗的吗？况且，"高考失利"这个灾难化想法本身就是一个伪命题，它并未真实地发生，而基于想象中的结果进行的层层假设与推论也就更加不真实了。真实的情况是张同学现在尚未考试，更没有产生任何结果，他可以对当前的复习情况进行理性的评估，而非产生情绪化的反应。他可以结合真实的情况

| 第三章 | 引发焦虑的思维模式及应对策略

列出当前复习过程中好与不好的方面，分别列出能够考好与考不好两方面的证据，然后结合自身的资源、优势与经验把关注聚焦于如何更好地解决问题，最后重新评估最初担心考不好的判断是否会有所改变。

那么，张同学即使考试失利，依然可以看到的希望是什么？它与潦倒的人生之间存在着无数种可能性。其他更为正向的可能性又是什么呢？比如，可以选择复读。他即使未来真的不能考进名校，人生依然会有很多机会，成功的人也并不是都出于名校。

在案例二中，如果陈女士先前没有心脏病史，那么她突发心脏病并猝死的可能性是极低的。心慌、心悸、呼吸急促的症状并不是心脏病特异性症状，心脏病发作只是上述反应的一种极端状况而已。当我们以更加理性、正面的视角去看待这些反应时，我们就会发现它们很可能是长时间熬夜所导致的躯体疲惫、身体状态不佳，或拥挤、憋闷的车厢所引发的躯体不适。当我们发展出其他更多、更为客观合理的可能性来解释当前的躯体反应时，焦虑与恐慌情绪自然会很快得到缓解。

在案例三中，付先生所就职的公司只是暂时遇到困境，未来存在裁员的可能性，而并非已经确定的事。况且，付先生的工作表现一直不错，受到了领导与同事的一致认可，即使裁员真的发生，裁掉付先生的概率也不大；而更大的可能性是，付先生所担心的事情根本不会发生，他依然会在公司正常地工作，由此建立在被裁员这个假想基础上的难以养家、无法生活的想法也就纯属杜撰出来的灾难。

  当我们发展出更多理性而客观的可能性来解释当前所担忧的事情时，我们的感受就会随之改变，焦虑的情绪自然会快速得到缓解。我们应该慢慢养成正向思维的习惯，对所遇到的事情客观、理性地分析，进而评估我们所担忧的负面结果真实发生的概率，从而回归现实，而非陷入假想灾难的桎梏。

  由此可见，我们只要学会寻找其他更为可能的正向结果，那么灾难化的负面想法或暗示就会越来越少，内心也会越来越淡定。

绝对的控制感

在生活中，为了排除各种负面的可能性，我们会更容易关注和聚焦在可能发生的负面结果上。而当发现无法完全排除所有的负面可能时，一些焦虑者便开始焦虑与担忧。这些焦虑者希望能够对所有事情做到百分之百的掌控，只要有一件事脱离了他们的半点儿掌控，就会产生失控感。这种失控感会令他们对哪怕万分之一甚至更小概率的负面可能性结果感到惶恐不安。这种试图对所有事情做到百分之百掌控的情况，事实上是对不可控或不确定性缺乏忍耐力的表现。

我在临床实践中遇到过很多这样的来访者——他们只有试图获得绝对的安全感后才敢于行事。例如，一个人怕狗可能并不是一件稀奇的事情，但你遇到过因为怕被狗咬不敢上街的焦虑者吗？这些焦虑者所害怕的并非单纯地被狗咬，而是怕自己得狂犬病。我们都知道狂犬病是一种死亡率几乎达到百分之百的可怕疾病。这些焦虑者因为怕被狗咬，大部分时间都待在家里，生怕上街被疯狗咬；如果必须外出，他们也会选择开车或者骑行，因为这样即便遇到了狗，也很难被狗追上。

在实际生活中，一个人被狗咬的概率是微乎其微的，而被疯狗咬的概率就几乎可以被直接忽略了，尤其是在城市中。况且，一个人即便被狗咬了，也可以通过注射狂犬疫苗来补救。但由于狂犬病具有近乎百分之百的死亡率，这让不少心存此类恐惧的焦虑者试图获得绝对的安全感后才敢出门。可谁又能担保出门后绝对不会遇到疯狗呢？不过，没有此类困扰的人，根本不会去关注这种几乎不可能发生的事情。

事实上，我们每个人心中都曾或多或少地有过不安全感，都曾在脑海中闪过一些可怕的想法。比如，当飞机剧烈颠簸时，我们会想到要坠机了；我们去银行存钱，会担心以后钱取不出来；我们在海里游泳，会担心有鲨鱼或被有毒的动物蜇到，等等。幸好这些想法很多时候都只是一闪而过，并不会引起我们的情绪波动。但是，一部分焦虑者确实会为这种概率极低的事件惶恐不安、裹足不前。

当然，你可以用负面暗示或灾难化想法等思维模式来解释他们的担忧。但是，与灾难化想法不同的是，寻求"绝对化控制感"的人往往并不认为"灾难"即将来临，或感觉自己已置身于灾难情景中，他们更多的只是担忧低概率的灾难性后果会不幸地发生在自己身上。他们甚至理性地认识到，他们所担忧的"灾难"发生概率很低，但是由于无法获得绝对化的保障，不能排除一切可能的风险，于是变得忧心忡忡。

他们为了规避这种低概率情况的发生，会回避一些日常行为活动，比如乘坐飞机、出门遛弯等。他们的思维模式是"为什么那个遭难的人就一定不是我？只要不是百分之百的安全就是不安全，就有发生灾难的可能性"。心存此类困扰的焦虑者关注的是那个几乎不可能发生的"灾难",明知道"灾难"基本不会发生,但仍担心自己不幸会遇上"灾难"。为了获得"绝对的安全",他们宁愿回避对普通人而言根本不是问题的日常行为活动。

寻求百分之百的确定性和掌控感显然并不现实,但越高程度的不确定性,确实越会增加人们的风险预期,并且引起相应的焦虑与担忧。例如,空难事件令很多人对乘坐飞机都心存深深的恐惧,有些人甚至根本不敢坐飞机。假如飞机事故发生率提升至十分之一,即乘坐十次飞机便可能碰到一次大的风险,你是否还能淡定从容地登上飞机?假如你所生活的城市狂犬病肆虐,你是否也会害怕出门散步?很显然,风险的高低程度决定着人们的焦虑水平。

确定性越高、掌控感越强的事,越能够给我们带来安全感。相反,风险概率的不断增加必然会使越来越多的人陷入担忧与恐惧。例如,在投资中属于保守型的人,大多会选择确定性极强的储蓄存款——存款到期后,银行会按照约定的利率连本带息返还给投资人。所以,进行储蓄投资的人对收益可以获得极强的控制感与安全感,但收益很低。为博取更高的收益,一部分人选择了股票投资,但为股票投资而焦虑的人肯定要比为储蓄投资而焦虑的人多得多。随着投资风险的进一步提高,人们所承受的心理压力与焦虑水平也会升高。当然,选择高风险投资的人也会相应少得多。或许我们也可以将那些寻求百分之百确定性的焦虑者视为正常群体的极端状况,因为他们对风险的耐受度或阈值比正常人低很多。

对不确定性的担忧并非焦虑者的专利,在现实生活中,几乎每个人都存在对不确定事情的不同程度的担忧,尤其是那些对我们而言很重要的事情。例如,正在等待高考成绩的考生、等待医学检查结果的病人等。你对结果越在意,等待的过程可能就会越焦虑。但不是每个人在面对不确定性或不可控性时都会焦虑不安,这取决于个人对不确定性的忍耐力。这种不确定性或不可控性是产生焦虑的核心心理因素,不确定性或不可控性的程度越高,越容易引发焦虑;反之亦然。

那么我们在过度地寻求绝对的掌控感与确定性时,又该如何进行自我调整呢?

有一点我们要清楚,在绝大多数情况下,我们是无法获得绝对的确定性的。我们所生活的世界充满了不确定性:无论空难事件发生的概率有多低,它在未来还是会发生;无论狂犬病发生的概率多么低,但不幸的是未来还会有人因此丧命;即使我们认为安全系数极高的银行储蓄,在国外也偶有因银行破产而无法偿还存款的事件……类似的事件举不胜举。而墨菲定律也提出,只要事件有变坏的可能,不管它发生的概率有多低,它都会发生;只要概率不为零,它就一定会发生。事实上,极低概率事件发生的可能性低到根本不足以影响我们的生活。

寻求绝对化、百分之百的确定性,也是一种认知偏差,在某种程度上,它也可以被视为"选择性关注"。因为当事人只关注那个极低概率可能发生的糟糕结果,而对于正常的、安全的可能性却视而不见。

首先,焦虑者将关注从极低概率的灾难结果转移到高概率结果上显得尤为重要。焦虑者长期对各种可能的负面结果过度关注,使他们成为"快速搜寻各种负面结果的专家"。这就好比他们可以轻易地从上百万的像素中一眼找到那个颜色不同的像素。如果每个像素代表一个等同的概率,它只是百万分之一,与上百万个其他像素并没有什么不同。它的特殊性源于被当事人过度地关注,即当事人只关注那个极低概率的灾难后果。对于百万分之一的概率,当事人却用百分之百的精力来关注,这显然是一种关注上的偏差。因此,焦虑者更需要去关注的是整体状况、"上百万个"所代表的含义,而非仅仅聚焦在那个"一"上,也就是真正地去正视几乎占据绝对性优势的高概率安全的可能性。

例如,飞机是一种很安全的交通工具,国际航空运输协会数据显示,即使以2021年空难事件发生较多的一年的概率为参照,乘客假如每天乘坐一次飞机,也要10078天才会遇上一次空难事件,即在每天乘坐飞机的情况下需要连续乘坐27年多才会碰到一次,而且这还是按照飞行事故高发年的数据计算得出的推论。焦虑者之所以认为飞机不安全,是因为他们只关注空难事件,却忽略了每一次安全飞行。所以,焦虑者需要将自己的关注视角拉回极高概率的结果中,通过感受和体会周围人进行自己所认为的"危险"活动却安然无恙,逐步提升自己的安全感。

也许焦虑者会纠结:"为什么遇上极低概率灾难的一定不是

我？",这是一个概率事件。当灾难性结果发生的概率足够低时,我们需要学会直接忽略它,否则就容易"因噎废食"。焦虑者可以反问自己：认为自己会不幸"遇难"的依据是什么？他可以尝试列出相应的证据,尝试了便会发现,可能根本找不出一条靠谱的证据。此外,焦虑者也可以进行一个评估：为了规避极低概率的灾难性后果,值不值得放弃生活中的正常活动,这种放弃所带来的影响与损失又是什么？

其次,焦虑者可以尝试参与自己所担忧的发生概率极低的"不安全"的活动,例如,鼓起勇气去逛街、乘坐飞机等。这样做可以让焦虑者通过获得安全的结果增强进行该活动的信心,因为回避永远无法让焦虑者战胜心中的恐惧。这就是行为治疗中的"暴露疗法",在后面的章节中我们会详细介绍。焦虑者如果对这些"不安全"的活动感到很害怕,可以先在家人的陪伴下进行,还可以尝试一些自己认为具有安全感的行为或方式,比如选择事故率极低的航空公司、选择几乎没有狗出没的繁华街道等,以达到逐步脱敏的目的。

既然无法获得绝对的确定性,那么我们需要做的就是提升面对不确定性或不可控性的承受力或忍耐力。这也是处理由不确定性、不可控性事件所引发的焦虑的核心。焦虑者由于其本身的心理特点,拥有比常人更加敏锐的捕捉负面结果的能力,总是很快就能找到各种潜在的危险。为了很好地避免出现负面结果,焦虑者不得不先去发现、关注负面的状况,当发现不能"一切尽在掌控中"的时候,便开始焦虑。

| 第三章 | 引发焦虑的思维模式及应对策略

在生活中，面对同一件事每个人的反应是不同的，有的人淡定，有的人焦虑。造成这种差异的原因很可能与我们对不确定性的承受能力相关，而这种承受能力是需要通过长期训练来获得的。我们需要从行为上做到果敢，改变多思多虑的不良习惯。而要想做到这一点，我们就要少思少虑，从小事上培养决断力。

在日常生活中的小事上做到快速决断，我们可以将其称为"行为先于动机"，即在犹豫、踌躇前做出决断，快速行动。下面我列举了一些具体的可操作练习，大家可以据此发展出自己的策略与方法：

- 回家直接做晚饭，不为晚上究竟该吃什么而长时间纠结。
- 给朋友或其他人发一些并不重要的微信时，编辑完后不用做检查，直接发送。
- 在做一些小的决定时，不要顾虑太多，直接做出决定。
- 与家人或朋友外出吃饭时，不用每次事先查阅饭店的评价。
- 对于一些已经听清楚的事情不用反复确认。

做这些练习的目的就是帮助大家在日常生活中减少在小事上的踌躇，争取少思少虑。而焦虑往往就是在我们不断地瞻前顾后、犹豫不决，生怕因想得不全面而招致坏的结果中慢慢形成的。当我们做事坚定又果断时，我们就会慢慢培养出由内而外的自信，内心的猜疑和不确定感也会随之减少。这些练习可以作为提升对不确定性承受力及心理素质的长期训练方法，以供大家使用。

对焦虑的正面认知

除了前面介绍的几种引发焦虑的思维模式,还有一种听起来有些不可思议的认知,即过高地评估焦虑本身的正向作用。与其他希望尽快摆脱焦虑情绪的人群不同,持有这种观念的焦虑者认为,必须保持焦虑的状态,才能让自己过得更好或避免某种不好的情况发生。这种想法使他们的焦虑状态得以维持和延续,然而持续的焦虑状态却将他们拖进了痛苦的深渊。

这里提到的"认为焦虑是有用且必要的",指的是当事人针对焦虑的主观态度与观念,他们不敢轻易放弃焦虑,因为他们认为保持焦虑是趋利避害的手段。尽管焦虑的状态令他们痛苦不堪,但他们仍然强制自己处于紧张、担忧的状态。持有这种想法的焦虑者往往会这样说,"我必须焦虑,否则会发生不好的事情""我必须时刻保持紧张、警觉状态,才能不出错""我必须保持担忧的状态,这样才能阻止糟糕的结果出现",等等。

那么,持有这种观念的焦虑者认为焦虑都有哪些具体的"好处"?

1. 激发做事情的动力，从而带来好的结果

一部分焦虑者认为，焦虑有利于激发做事情的动力，从而带来好的结果。这种例子在生活中并不少见。比如，在上学的时候，每当面临大考时，老师常会说"快考试了，大家要紧张起来，别像平时那么放松啦"，这使得相当一部分焦虑的学生认为，在面对考试时，保持紧张、焦虑的状态，才能推动自己更加努力地学习，并且获得好成绩。再比如，有的人对即将到来的当众发言很担忧，这促使他认真努力地去准备发言稿。我们要想获得好的结果，似乎就必须先要焦虑起来，才会更加有动力去做事。事实上真的是这样吗？

这类人混淆了"焦虑"与"重视"的含义，试想一下，究竟是什么因素激发了动力，从而让我们更加努力地工作和学习呢？是重视。当我们评估将要做的事情对我们很重要和必须认真对待时，我们就会从思想上对其高度重视起来，同时开始付诸行动。相反，焦虑的情绪及状态本身并不能激发做事的动力。人们之所以误解了"焦虑让我们变得更有动力"的意义，是因为当人们开始重视一件事时，往往会对好的结果拥有很高的期待，这时就会自动对不好的结果开始担忧，焦虑便由此产生。真正促使好结果发生的是我们的努力行为，而思想上的重视是导致相应行为产生的重要原因，焦虑只是其衍生物而已。

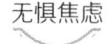

2. 展现了一种正面的人格特质

不可否认的是,你的身边应该存在一些做事积极、充满能量但又情绪稳定的人,他们可以在放松状态下工作。可在我们周围似乎有这样一种现象:那些经常忧虑于工作、学业、家庭的人,显得很有责任感与爱心。例如,常为单位的效益忧心忡忡、一筹莫展的领导,尽管他可能并未对提升经营效益做出实质性贡献;终日因孩子不能完成作业、成绩差而忧心忡忡的妈妈,尽管孩子的表现一如既往没什么改变;面对大考寝食难安、战战兢兢的学生,等等。

焦虑与担忧就足以帮人们树立上述角色的正面形象吗?人们往往有种错觉,以为只要为所面对或需要做的事情焦虑了,就说明已尽心尽责,似乎已经付出了努力,但人们忽略了一个事实,即他们真正所期望的是一个正向的结果。

试想一下,前面所述的领导、母亲与学生这三种角色,在你心中相应的成功形象该是怎样的?

事实上,逢事便担忧、常常焦虑不安的人,很可能具有病理性的焦虑人格特性,这显然是一种不健康甚至不正常的人格特点,因此它不是一种好的人格特质。

很多焦虑者除了对焦虑情绪本身缺乏脱离困境的方法,实际上还欠缺解决问题的能力与技巧。毋庸置疑,没有了焦虑情绪,并不影响一个角色的正面形象与成功。

3. 阻止了负面结果的发生

你可能在电影里看过这样的情景：有的人担心即将进行手术的妈妈，有的人担心奔赴远方执行危险任务的家人，还有的人担心明天参加高考的孩子……他们为家人的健康、平安、顺利祈福。当一件事情的结果对我们而言特别重要，但我们又无力左右其发展时，我们难免会产生担忧。此时我们往往会通过一些特殊的仪式试图获得好的结果，比如祈祷，同时缓解因焦虑带来的巨大心理压力。而焦虑担忧本身往往就是这样的"祈祷"方式之一。

焦虑者通过对一件重要事情持续地焦虑、担忧，试图阻止负面结果的发生。他们想通过焦虑的方式来表达对所在乎事情的无比重视，甚至期望通过对自我的心理折磨得到好的结果。或许看到这里你已经觉得有些荒谬了，但持有这种想法的焦虑者并不少见。比如，一位焦虑的妈妈长期担心孩子的安全，好在孩子一直平安，妈妈则认为孩子之所以一直安全无恙，是因为她一直对孩子"无微不至"的关注与担忧起了作用。再比如，一位总是担心在公共场合被盗窃随身物品的焦虑者，会把衣兜和手提包看得紧紧的，幸运的是他自己一直没有丢过东西，于是他将此归功于自己的时刻担心。

显然，认为自己的焦虑可以阻止事情往不好的方向发展的想法很不科学，存在一种逻辑性的错误。因为一件我们根本无法掌控的事情会如何发展，是不受我们的意识支配与控制的，我们单纯的担忧无法支配它的发展走向。比如，孩子一直平安，与环境的安全、妈妈的精心照看有关（注意：这里指的是照看孩子的行为），而与妈妈焦虑的情绪状态无关；随身物品没有被盗，与焦虑者的安全意识（如将书包放置身前而非背在身后、拉好拉链等）、没有遇到扒手有关，而与焦虑者时刻的焦虑、担忧没有关系。

绝大多数焦虑者的这种偏差想法往往产生于直觉反应，他们不经意间将事件的结果与自己的焦虑做了随意性的关联。这种心理并不难理解，因为万分期待且无力控制的好结果终于出现了，他们会很自然地将其归功于自己为此耗费了精力的"努力"，认为是他们持续不断的焦虑所发挥的作用。但当焦虑者回归理性，认真地思考二者之间的逻辑关系时，他们便不难发现其偏差想法的荒谬性。

4. 缓解灾难来临时带给人们的崩溃感

一些焦虑者可能会产生这样的联想："一些小事都会让自己如此焦虑，如果未来遇到一些真正的灾难事件，自己岂不会情绪崩溃？"于是他们开始刻意地担忧未来的灾难事件。他们认为，如果提前预支未来灾难事件可能引发的崩溃情绪，那么当灾难事件真的来临时他们便可以减轻自己的焦虑情绪反应，因为那时早就有了心理准备。我遇到过为数不少的女性来访者，她们非常害怕父母离世那一天的到来，目前和谐、融洽的家庭关系让她们感到这是无法承受之重，认为那一天真的到来时他们一定会崩溃。于是从现在开始，她们就预支由于父母将会去世而带给她们的崩溃感，不断去感受父母已去世的情景与她们的状态，并希望借此让她们提前在心理上有所准备,尽管她们中有些人的父母才60多岁而且身体健康。

父母终有一天会离我们而去,如果说对父母未来离世的担忧还有其现实性,那么对于一些子虚乌有的灾难的"预支性"担忧就真的是杞人忧天了。例如,一些身体健康的年轻人担心自己未来会患上某种绝症,一想到这件事就紧张得快要窒息,感觉无法承受这种"灾难"。于是他们竟开始不断地想象自己患上绝症的样子或者各种可怕的情景,并希望借此缓解那天真的来临时自己的崩溃感,让自己先有心理准备。

然而通过预支焦虑的方式真的可以减轻灾难来临时带给我们的崩溃感吗?事实上,并没有任何证据表明,焦虑情绪是可以提前支付的。真正的灾难事件,比如自然灾害、亲人去世、性侵等,对于任何人来说都是严重的创伤经历,会造成巨大的心理冲击,没有人可以说"已为此做好心理准备,因而可以平静地面对",因为假想与现实的差异常常超出我们的想象。

经历过大地震的人,或多或少地在一段时间内都会呈现出在情绪、感觉、躯体以及行为方面的异常,比如麻木、恐慌、迟钝或过度警觉等,甚至有一部分人最终会发展成创伤后应激障碍。而身处地震多发区的居民很多都曾想过地震发生时的情景,可能带来的各种严重影响与后果,以及如何逃生。但当地震真正来临时,能够平静面对的人恐怕少之又少。其实,我们沉浸在那些还没有发生或根本不太可能发生的假想灾难中时,只会给我们带来真实而持续的焦虑伤害。

我们要想摆脱这种伤害，就要先从认知上清晰地认识到"预支"焦虑情绪对阻止灾难带来的情绪崩溃感的无用性，然后在此基础上终止对假想灾难的不停担忧，并将关注转移到当下。我们要知道，焦虑是一种指向未来可能发生的负面结果的情绪反应，而对于焦虑事件的负性关注又会强化焦虑。因此，我们要懂得有意识地将自己的关注点从假想未来的种种灾难中转移到此时此刻的现实生活中。当我们的聚焦从假想的灾难结果脱离时，焦虑情绪自然就会得到缓解。

第四章 那些助长焦虑的行为模式

回避与强化

你肯定看到过这样的情景：大雨倾盆，没有带雨伞的人四处奔跑着躲雨。然而在周围并没有避雨场所的情况下，你仍会看到不少人快速地在雨中奔跑，哪怕他们的衣服都已被雨淋得湿透了。此时躲雨的意义可能已不大，但是因担心衣服被淋透而寻求避雨，或许只是一种潜意识的行为。很多时候人们会下意识地做出一些行为进行自我保护，这样的例子在我们的生活中很常见。

我们来想象以下几个场景：

场景1：你站在演讲台上，正面对全体领导和同事进行工作汇报。此刻你感觉仿佛有无数双眼睛正在注视着自己，哪怕自己的一个细微表情或动作都会被大家尽收眼底。你越来越紧张，此刻大脑一片空白。

场景2：下班后，你在拥挤的地铁中，车厢内的人摩肩接踵，自己仿佛已经被挤成"照片"。你突然感到有些憋闷，心跳很快，有种窒息感，担心自己马上就要晕倒。

场景3：前几天，你骑车经过家附近的一个路口，目睹了一起

无惧焦虑

车祸。一个骑摩托车的人被一辆汽车撞倒在地,伤势严重,流了很多血。你一想到当时的车祸场景就害怕,心惊肉跳。今天回家时你又经过这个路口,突然想起前几天的车祸情景,你就特别紧张。

面对以上三个场景,你会采取什么样的行动呢?我相信很多人会选择尽快离开那个令他们感到不适的环境。

在场景1中,一个人在当众讲话时,因为紧张,说话的声音变得很小,或者语速变得很快。或许这是一种无意识的"自我保护"行为,即通过降低音量避免使可能发生的错误被观众听到,从而避免可能由此招致的嘲笑与尴尬;语速的加快或许也起到同样的作用,下意识地希望尽快结束这场演讲,然而,在高度紧张的情况下加快语速可能会带来更糟的结果。

在场景2中,或许你唯一想做的就是迅速地逃离地铁车厢,因为你感觉自己已经快要撑不住了,甚至已经嗅到了死亡的气息(尽管自己并没有身患绝症)。或许在你看来你只有逃离车厢才有获救的机会,毕竟拥挤的车厢已使你感到如此不适。

在场景3中,你可能会选择绕行,从而避免因经过事发路口再次唤起车祸时看到的恐怖一幕,因为这会令你感到紧张、恐惧,十分不舒服。在这种情境下,你对那个路口已变得十分敏感,只要靠近它,你便会想到发生车祸的那一幕,从而马上联想到那里可能存在的危险。

面对三个场景,我们可能会做出一个共同的反应——回避,即

第四章 | 那些助长焦虑的行为模式

通过远离那些已经令我们感到不适的情境来获得舒适与平静。事实上，这样的场景仅是我们生活中许许多多回避行为的一个缩影。

像这样的"回避"事例举不胜举。比如，一些有健康焦虑的来访者，因为担心患癌，往往特别害怕看到"癌"字或者相关的文章；你与别人发生争吵后，每次看到这个人都会感到不舒服或者尴尬，完全不希望看到这个人；你恐惧蟑螂，为了避免与它狭路相逢，蟑螂可能出没的一切地方都是你的"禁区"——你尤其不敢打开厨房的壁柜。人们通过这些回避的行为，暂时获得了心理上的安宁与舒适。但人们回避、害怕的事物所引起的情绪问题是否得到了真正的解决呢？这些回避行为又会给人们的恐惧带来哪些更深远的影响呢？我们可以通过一个历史人物的事迹来分析这个问题。

18世纪英国物理学家、化学家卡文迪许是历史上赫赫有名的科学家。他是第一位推算出地球密度的人，被誉为"称量地球第一人"；他是在牛顿发现万有引力定律后测算出引力常量的人；在化学方面，他发现了空气的组成成分……他在化学、电学、热学等方面都拥有卓越的成就。他本可以是一位与牛顿齐名于世的科学巨匠，却因为他的极度社交恐惧而隐没于大众视野。

卡文迪许无疑是科学界的先驱，但同时也被世人戏称为"社交恐惧的先驱"，他的社恐也算达到了极致。卡文迪许一生都很少出门，除了参加每周一次的科学聚会。据说他遇见人时会极度紧张，根本说不出话来，即使看到家中的女仆都会脸红得说不出话，就连

083

与仆人沟通每天吃什么，他都要通过纸条来传递信息。

正因为这种交流障碍，他终生未婚。有一次，一位仰慕者千里迢迢专程赶来看望卡文迪许，但卡文迪许仿佛被雷击了一样，狂奔离家，都没有来得及关上家门。几个小时后，他在家人与仆人的共同劝说下才勉强回家。

卡文迪许虽然会例行参加每周一次的科学聚会，但从未在会上发过言。他的科学家朋友告诫他的所有仰慕者，绝对不能靠近他，哪怕是看一眼都不行！如果真的希望得到卡文迪许的指点，他们就需要装作若无其事地闲逛到他附近，然后对着空气表述自己的科学观点。卡文迪许如果有兴趣，就会自言自语地低声嘟囔几句作为回应，但大多数时候，只要有人靠近或对着他讲话，他都会尖叫着快速跑到无人的角落。

作为伟大的科学家，卡文迪许给人类留下了无比珍贵的科学财富，可惜的是，他终其一生都没能摆脱社交恐惧。我们从他的行为中可以看出什么问题呢？

首先，卡文迪许在别人面前极度紧张，甚至都说不出话，因此他极力避免与人交谈，就连生活在一个屋檐下的仆人都要靠传递纸条同他进行交流。其次，他回避了任何正面的交流，比如面对仰慕者的称赞，他选择"落荒而逃"；在每周一次的科学聚会上他只能与对方的声音交流，而不能与对方面对面交流，任何有意识的靠近都会让他逃离。现在，我们无从考证他究竟是出于什么原因而对人

第四章 那些助长焦虑的行为模式

如此恐惧，但他的这些回避行为无疑对他的社交恐惧起到了强化作用。为什么会这样呢？

当我们远离了那些令我们感到焦虑、恐惧的对象——人或某些情景，我们让焦虑、恐惧的情绪恢复了平静，就摆脱了不舒服的感觉。焦虑者可以从这些回避的行为中获益，从而使"逃离"或"回避"的行为得到强化，让他们产生这样的想法：只有这样做，才能使自己免于焦虑与恐惧，获得舒适的自在感。在心理学中，我们把这种现象称为"负强化"，即通过脱离、回避那些令人不悦、不适的状态，使这种回避行为发生的频率不断增加。

不幸的是，回避行为并没有真正地解决问题。焦虑者为了让自己不再恐惧，选择远离那些令他们感到恐惧的事物，看似让自己获得了心灵的平静，实则制造了他们难以逾越的障碍，因为他们并没有真正地战胜那些令他们感到恐惧的事物。换句话说，他们从来没有给予自己这样的机会，即让自己在面对恐惧的情境中获得平静与不焦虑的状态，结果下次遇到同样的情境时，他们还是会恐惧，还是会选择远离那些恐惧源，从而导致相应正常功能的丧失。

以卡文迪许为例，他为了回避令他感到焦虑恐惧的人际沟通而选择独处。也就是说，他从未给自己一个机会，去战胜令他感到焦虑、恐惧的社交场景。当他下一次不得不再次置身社交场合时，他还是会焦虑、恐惧，因此他始终无法让自己的焦虑、恐惧在交流中消退，从而战胜社交恐惧，获得平静感。

事实上，回避行为不仅没有让我们的焦虑与恐惧程度降低，还

085

强化了焦虑与恐惧。而不断的负强化给大脑输送了一个信号：只有回避才能获得安全与舒适；反之亦然。这导致我们在面对最初引起我们焦虑与恐惧的情境时，只想到尽快逃离，再也没有勇气和能量与之一战。

就像卡文迪许一样，公开发言时极度紧张的窘态，可能令你产生了深深的情绪记忆或成为新的"创伤"经历，让你对以后的公开发言形成预期性焦虑与恐惧。为了避免发言时的恐惧以及在别人面前"出丑"的表现，你会极力回避当众发言，因为只有这样做才能让自己不陷入焦虑恐惧的情绪以及难堪的状态。然而糟糕的是，你所经历的这个"创伤"会让你在"当众发言"与"焦虑恐惧"二者之间形成联结，让你一旦想到要当众发言，便会联想到自己的高度紧张与恐惧感；而回避行为又反过来强化了这个联结，让你的情绪记忆始终定格在过去失败的当众发言中，使其成为无法逾越的心理障碍，并最终导致正常功能的丧失。

同理，你如果因逃离地铁获得了舒适感，那么你再乘坐地铁时，曾经在地铁里发生的恐慌与不适感还有可能被激活。通过以前的"成功"经验，你依然会选择逃离地铁，以缓解这种不适感。因此，这种回避行为让你形成一种信念："我只要一坐地铁就难受，只有离开地铁才舒服。"在这种强烈信号的驱使下，你对地铁的恐惧不断地被夯实，从而不敢再乘坐地铁。

我在临床工作中遇到过很多类似的案例，有些人不能乘坐公共交通工具，就是基于上述的原因逐步形成的。比如，我们避开并远

第四章 | 那些助长焦虑的行为模式

离曾经发生车祸的路口,虽然减少了焦虑与恐惧,但发生车祸的路口将从此成为"禁地"。尽管我们知道,此处发生过交通事故,并不意味着此处一定还会发生交通事故,两者没有任何关联。也就是说,有人曾在这个路口被撞倒,并不会增加我们在此发生交通事故的概率,但有些人仍然很自然地选择了回避,因为直觉告诉他们,这个路口是危险的。更糟糕的是,有些人有时还有可能因为害怕出车祸的路口,扩展到对所有的路口甚至在马路上正常驾驶汽车出行都感到害怕,这种现象被称为症状的"泛化"。

事实上,回避行为就有可能会导致问题的泛化。人们害怕一个事物,往往对与之相似的事物也会产生恐惧。一朝被蛇咬,十年怕井绳,讲的就是这个道理。尽管井绳并没有伤害过我们,接触它们也不太可能对我们造成任何伤害,但因为我们看到井绳会激活曾经"被蛇咬"的情景记忆,就使我们对与之形状相似的井绳产生了畏惧。

比如,你曾因在地铁里感到极为不适,从而回避乘坐地铁,这时与地铁相似的公共交通工具,如火车、公交车等,也同样很可能会激活你的恐惧,进而让你对越来越多的交通工具产生恐惧。再比如,当众发言时,你因注意到无数双眼睛都在盯着自己而感到异常紧张,并且担心自己在讲话中出现错误,于是一切与人交流的情景都有可能激活你的恐惧,因为它们与当众发言的情景存在着相似的元素。

虽然回避行为可以让我们暂时脱离焦虑与恐惧,但是不断的回避将令我们很难再去面对我们所害怕的事物，并且随着回避次数的增多，内心的焦虑与恐惧也会变得越来越强。因为回避行为强化了我们对克服该事物的困难以及危险性的认知，进而变得更加恐惧，从而形成恶性循环。虽然我们能短暂地从回避行为中获益，但从长期来看，这种回避行为反而会成为我们在面临所恐惧的事物时难以逾越的心理障碍。

这就好比我们走进一片泥潭，对泥潭本身的厌恶与恐惧，会让我们本能地期望快速地穿过或摆脱它。于是我们可能会快速地奔跑、跳跃，希望能够迅速地穿过或摆脱它，但是由于自身的压强与重力的作用，这种"快速脱离的行为"反而会让我们在泥潭中越陷越深。

焦虑问题亦是如此。人类的本能会让我们远离那些令人感到厌恶、不适的事物，然而回避行为不仅没有真正地解决问题，反而使我们在问题的旋涡中越陷越深。

直面恐惧——暴露与消退

回避或远离那些令我们感到焦虑、恐惧的事物，会使问题恶化。谈及解决之道，唯有面对——面对那些令我们感到惶恐的情境或事物。

我们可以这样思考问题：在当众发言的整个过程中，哪个时刻令你最紧张，上台前？刚开始？演讲过程中？还是快结束时？很多社交恐惧者会惊人一致地告诉你，最令他们感到紧张的时刻是即将上台讲话前以及刚开始讲话的时候，这时他们感觉心仿佛都要蹦出来了。但是随着时间的推移，他们就会在台上慢慢地感觉到没有刚开始的时候那么紧张了。

这样的例子在我们的生活中并不少见。比如，几乎每个小朋友在刚上幼儿园时都会或多或少地表现出不适感，哭闹、退缩，甚至拒绝去幼儿园，但是只要坚持去几天，小朋友们就会逐步地适应幼儿园的环境，并且可以与老师、其他的小朋友融洽地相处。再比如，你第一次站在玻璃栈道上都会感觉心惊肉跳，甚至一步都不敢挪动，生怕玻璃破碎，让自己掉下万丈深渊。但你只要敢在上面坚持停留足够长的时间，并且尝试在栈道上缓缓地挪动脚步，当你发现并没有发生意外时，你的恐惧就会慢慢地消退。

那么，不再回避、直面所害怕的事物与情境是如何让我们的焦虑、恐惧减退的呢？前面我们讲过，趋利避害是人类的天性。危险或具有威胁的状况会激起我们的高度警觉，并促使我们迅速做出逃逸反应，即回避行为。然而，很多时候我们所感知到的危险或威胁并不是真实存在的，它们只是假警报，我们可以将其简单地理解为大脑对我们所处的环境和状况做出的过激判断与反应。

以当众发言为例，真正令当事人感到异常紧张、害怕的因素，往往源于他们的灾难化想法，如"台下所有人都会盯着我的一举一动（聚光灯效应）""我如果说错一句话，就会被领导、同事耻笑""我可能会紧张得晕倒在台上"等一系列夸大性的负面暗示与灾难化的假想。但事实往往并非如此，如并没有任何证据表明单纯的紧张会导致晕厥。

大家可以想象一下：你坐在观众席中听台上的人讲话时，你的关注点在哪里？绝大部分人都会将关注点集中在演讲者所讲的内容上，而不是他的每一个细微的躯体动作，也不是他言语上的小瑕疵。但是恐惧社交的演讲者常偏颇地认为，紧张情绪、讲话中的瑕疵以及自己的每个细微的表情动作都会被观众尽收眼底，并招致无情的嘲笑。演讲者如果将自己的关注点集中在所讲的内容上，就会发现，他所担忧的情况并没有发生，这时焦虑、恐惧程度便会大幅度地降低。随着时间的推移，他对最初引起他焦虑、恐惧的情境或事物的敏感度也会不断地下降，直至消失。心理学上的暴露疗法依

第四章 | 那些助长焦虑的行为模式

据的就是这个道理,即让患者待在其焦虑、恐惧的情境或事物中足够长的时间,如果他们发现没有招致真实的伤害,那么焦虑程度自然就会降低。

事实上,"暴露"作为一种行为疗法,被广泛地应用在焦虑与恐惧的治疗中。简单地说,所谓暴露疗法,就是充分地使患者暴露在令他们感到焦虑、恐惧的情境或事物中足够长的时间,并且避免任何形式的为了减少焦虑及恐惧情绪而采取的回避或逃逸行为,最终让焦虑及恐惧情绪自行消退。

暴露疗法包含两个要素:足够长的时间与暴露中的回避行为。足够长的时间,是指将自己充分地暴露在所焦虑、恐惧的情境或事物中,时间足够长,从而使焦虑及恐惧情绪慢慢地自然消退。而暴露中的回避行为,也被称为"安全行为",是指当事人为了避免由于暴露所带来的强烈的情绪刺激而采取的不充分的暴露或掩饰行为。

比如,你害怕乘坐飞机,同时知道只有逼着自己坐飞机才能最终消除乘坐飞机的恐惧(真实的暴露),但由于你太害怕了,因此你提前吃了安眠药,结果你在飞机上睡了一觉就抵达终点了。虽然你逼着自己乘坐了飞机,但这并不属于真实且充分的暴露,因为你吃安眠药的行为实际上并没有让自己真正地暴露在乘坐飞机带给你的恐惧中,所以你的恐惧并没有在乘坐飞机的过程中自行消退,因而这样的暴露是无效的。

再比如,恐惧社交的你,需要不断地给自己创造当众发言的机会，让自己充分地暴露在令你感到紧张与恐惧的发言现场，暴露在众目睽睽之下，并在这样的情境下努力地将关注集中在你要讲的内容上，而不是各种假想的灾难情景或别人看待你的眼光上，进而将你的焦虑、恐惧勇敢地暴露在观众面前。这时，你不要做任何掩饰或回避性质的安全行为，比如降低音量、加快语速或三言两语快速地结束发言等，而要以"豁出去"的挑战心态面对现场环境，当坚持了足够长的时间后，你的紧张与恐惧情绪就会自然地缓解、消退。

一般情况下，社交恐惧症需要经过反复多次的暴露训练，才能让焦虑与恐惧情绪逐步地缓解，直至消失。同理，当你在地铁里突然感到心慌气短并出现惊恐反应时，你先别着急"夺路而逃"，在确保没有躯体疾病的前提下，不要对自己的"症状"做任何负面的评判，摒除一切灾难化想法，继而以淡定的心态感受自己当前正在经历的感受，那么这种不适感就能很快地消失（针对惊恐发作的详细干预我们将在第七章详细探讨）。总之，你焦虑、恐惧什么，就让自己充分地暴露在什么样的情境中，这样才能很好地消除焦虑与恐惧。

暴露疗法可分为不同形式的暴露，比如想象暴露与真实暴露。顾名思义，想象暴露就是通过想象将自己置身于所恐惧或焦虑的情境中；而真实暴露则是将自己暴露于引起焦虑或恐惧的真实场景或情境中。焦虑者如果可以承受由暴露所引发的强烈情绪反应，那么真实暴露会有更好的效果；焦虑者如果对引起焦虑、恐惧的真实场景或情境感到难以承受,就可以先从想象暴露开始。在某些情况下,暴露疗法仅适用于想象暴露,比如假想的灾难情景、家中失火或爆炸等。

直接暴露的方法,也称为冲击疗法,即直接暴露在最令焦虑者感到焦虑、恐惧的真实场景或情境中。焦虑者如果对这种暴露所带来的情绪刺激与反应感觉过于强烈,难以接受,还可以尝试系统脱敏的方法。这是一种相较于直接暴露更为温和的方法,即将所恐惧的事物或情境依恐惧的等级由低至高进行排序,然后从最低级的情境开始,逐级进行放松训练,最终征服终极的焦虑或恐惧。

在暴露疗法中有两点需要特别注意。

第一,暴露在所恐惧的事物或情境中可能会引起强烈的情绪反应,比如恐惧或其他躯体不适感,焦虑者需根据自己的身体状况量力而行,不要强求,以免因情绪崩溃而造成身体伤害——心脑血管疾病或其他任何因强烈的情绪反应可能对身体带来伤害的状况都应列为禁忌证。暴露疗法应在专业的心理治疗师指导下进行。

第二,确保所暴露的事物或情境不会引起真实的伤害。比如,你很怕蛇,并且希望通过对蛇的真实暴露来消除对蛇的恐惧。你如果用一条毒蛇或可能会咬人的蛇进行训练,那么极有可能会对你造成真实的伤害。在这种情况下,暴露疗法不但不能起到脱敏的作用,反而很可能会造成更为严重的精神创伤。

▷▷▷
强迫行为

你如果将回避行为视为一种"不作为"的行为模式,那么本节所讲的内容则是在表面形式上与之相反的"过多的作为",即重复行为。

在生活中,你是否有过如下的经历:

- 担心家门没有锁好、煤气忘记关,又回去检查。
- 写好的论文、报告明明已经检查了两遍,还是不放心,反复检查。
- 从医院回来总感觉手没洗干净,控制不住地反复洗手。
- 汽车已经锁好了,还要反复拉几下车门,再次确认已锁好。
- 血压有点儿偏高,不停地反复测量。
- 明明对别人的回答听得很清楚,还要反复确认。

或许你对上面这些重复行为并不陌生,因为它可能就发生在你或你周围的人身上。每个人内心都有过不安全感,因为各种可怕的念头或想法有时会闯入我们的脑海。这些念头或想法往往是灾难性

第四章 | 那些助长焦虑的行为模式

的，对于当事人来说，它们如果真的发生了，就是灭顶之灾，所以当事人会表现出对这些念头或想法的极力排斥，并想尽一切办法避免"灾难"的发生。

在临床实践中，我遇到过为数不少的高血压患者，他们因为健康焦虑前来就诊。高血压是一种心身疾病（由心理因素导致或受心理因素影响的躯体疾病），因为血压的变化明显受情绪波动的影响。焦虑情绪会导致血压升高，而长期的高血压对心、脑、肾等都会造成严重的负面影响，导致心脑血管等相关疾病的发生。因此，控制好血压对于有效预防心脑血管等疾病至关重要。

一些患有高血压的焦虑者对血压的变化特别敏感，只要血压一高，他们便会非常紧张，马上担心自己会患上心脏病、脑出血等致命性疾病。这促使他们形成了频繁测量血压的行为习惯。血压的状况已经成为这部分焦虑者情绪的"晴雨表"。他们只要看见测出的血压数值正常，情绪则趋于平稳，甚至感到愉悦；反过来，只要血压一高，他们马上便会焦虑得寝食难安。由于焦虑的情绪会导致血压迅速升高，长此以往便形成恶性循环。在我接触过的案例中，一位患者测量血压每天可达100多次，几乎占据了睡觉之外的全部时间。他对血压的焦虑担忧达到了极致，似乎通过测量血压就可以起到降压的作用一样。

我们来分析一下这种重复行为背后的心理机制，以及它对焦虑的影响。

首先，高血压患者的测量行为，初始目的是掌握自己的血压状况,从而消除因对自身血压情况不清楚带来的不确定感与不安感。当然,焦虑者每次测量血压时总是期盼着测量结果是正常的或可接受的状况,也只有这样的结果才能消除恐惧与不安。换句话说,测量血压行为的功能是为了减少因对血压状况不确定而带来的担忧甚至恐惧。

然而,如果测量的结果并不理想,或者很糟糕,结果反而增加了焦虑者的担忧与恐惧。测量得到的糟糕结果越多,焦虑也就越多。那么,焦虑者如果每次得到的测量结果都是正常的,是否就意味着通过反复的测量可以有效地消除对血压的焦虑呢?答案是否定的。更准确地说,反复频繁地测量血压或许只能让焦虑者获得暂时的安全感与踏实感。

焦虑者通过测量血压获得了平静与安全感,即从测量行为中获益,那么这种行为将可能被有效强化,从而使焦虑者一旦发现血压有状况,便会担忧,立即试图通过测量血压的行为消除焦虑,如此周而复始。

其次,重复的测量血压行为,强化了焦虑与恐惧。

请你想象一个情景:你非常担心自己患了某种绝症,去医院做相应的医学检查,这时你的情绪状态是怎样的?我想,你一定非常忐忑且焦虑,尤其是在等结果的过程中。从某种程度上说,医学检查促发并强化了焦虑的情绪。因担心、害怕而去做医学检查,那么医学检查必然使你的关注聚焦在所担忧的结果上,从而引发焦虑与恐惧(越害怕什么则越会想什么)。那么,反复检查(测量)的次数越多，相应的焦虑与恐惧的情绪也会越多。因此，这种重复性的检查（或测量）行为强化了焦虑与恐惧。

你不停地测量血压，在无形中强化了对自己血压状况的担忧，使更多的焦虑与不安被激活。不幸的是，你焦虑的程度越高，需要进行的测量行为也就越多，形成恶性循环。最终，你会发现这种重复行为发生的频率越来越高，占用的时间越来越长，你也越来越焦虑。这种重复行为发生的频率不断提高，还有另一个原因，就是持续进行了一个本身会强化该行为的行为，即行为强化了行为。我们可以简单地将其理解为形成了一种行为习惯。

上述我们所讲的其实是强迫形成的心理机制。我们平时经常谈到的强迫，包括两种主要形式，即强迫观念与强迫行为。强迫观念是指不断重复出现的、闯入性的、不合适的、导致明显焦虑或痛苦的念头、冲动或画面；而强迫行为可以简单地理解为试图摆脱、消除这种念头的行为[1]。

强迫行为的初始目的是消除或降低不适感，阻止或避免可怕事件的发生，但事实上，强迫行为最终反而增加了焦虑与恐惧。比如，你离开家后突然冒出一个可怕的想法——家里的煤气可能没有关。这是一个令人感到恐怖、无法接受的想法。你想到了家中会因煤气失火，甚至引发爆炸，不但自己的家会被毁掉，还会殃及邻

---

[1] [美]罗伯特·L. 莱希. 我焦虑得头发都掉了[M]. 肖亭，译. 北京：中国友谊出版公司，2016：147.

居。这是你无论如何也要拼命去阻止的"灾难",于是你回家检查煤气,结果却发现只是一场虚惊。但这次所经历的"教训"会令你更加小心翼翼,绝对不允许这种灾难真的发生。从此,你检查一遍不放心,还要多检查几次(强迫行为),以确保万无一失。由于你对煤气的过度关注,慢慢地,你的不确定性及不安全感也在不断地被"喂养"成长,直到有一天你站在灶台前明明看到已经关好了煤气,却不敢相信自己的眼睛,长时间无法离开灶台。这时你的强迫症可能已经很严重,令你痛苦不堪。

事实上,强迫行为的临床表现多种多样,常见的表现还包括强迫洗涤(如反复洗手)、反复摆物(如使之整齐、对称等)、强迫计数以及强迫性意识动作(如仪式动作,走两步退一步)等。从某种程度上而言,强迫行为可被视为强迫者发展出来的自我保护的策略与手段,往往也是强迫者的直觉反应。比如,手脏了,你去洗手本身是非常正常的行为,它让你免受病菌的侵害,但如果你对"手上有数不清的可怕病菌"这个侵入性的可怕想法给予过度关注,则会形成夸大的危险评判。在这种状况下,这个试图用于对抗、消除恐怖念头的反复洗手的强迫行为就会被激活。最终,在这种强迫行为中,恐惧感反而被助长得越来越强。

然而,具有强迫行为未必就是患上了强迫症。事实上,90%的普通人都存在侵入性的可怕想法(如担忧自己会心梗、煤气或家门没关好等)、可怕画面以及强迫行为等。[①]强迫行为并不是强迫症患者所特有的行为,很多人都或多或少有一些强迫行为,只是绝大部分不会发展成强迫症,因此无须为此担忧。

与其他心理障碍一样,强迫症也是在生理与心理的双重易感性作用下才得以生成。在遭遇压力或应激事件时,强迫症患者比正常人有更强烈的反应,也更容易产生焦虑情绪与失控感。他们对这些侵入性的灾难想法往往有着夸大的危险性评估,并对不确定性难以忍受,比如,他们无法忍受不能确定煤气是否已关好、血压现在是否异常。更重要的是,强迫症患者在不断地与这些侵入性的可怕想法抗争时,一方面不断地压制这些想法,另一方面又发展出相应的强迫行为,以试图消除强迫观念带来的痛苦,但结果往往适得其反。强迫症的这些特点为我们的干预策略提供了依据。

强迫行为的心理干预手段,即针对强迫症的心理治疗方法,基于这样一种观念——强迫行为本身就是强迫症的重要组成部分。大量实证研究已证明,"暴露与仪式阻止法"是治疗强迫症非常有效的心理疗法。

简单地讲,它包含两个主要方面。

[①] [美]戴维·H·巴洛. 焦虑障碍与治疗[M]. 2版. 王建平, 傅宏, 译. 北京: 中国人民大学出版社, 2012: 392.

第一个方面：暴露

暴露，即要求强迫症患者暴露于他所恐惧的想法或情境中，减少他们对该想法或情境的敏感反应，从而使之逐步脱敏，最终达到消除恐惧情绪的目的。

在进行暴露前，我们还需要做一些行之有效的前期工作。

1. 识别所恐惧的内容

强迫行为之所以会发生，往往是因为焦虑者出现了某些难以控制的侵入性灾难想法或画面，引发了焦虑与恐惧（比如，想到家中失窃、失火或感染严重疾病）。他们因无法容忍或接受假想中灾难后果的发生，便通过进行一系列强迫仪式（强迫思维与强迫行为）试图消除或压制这些可怕的想法，最终形成强迫。因此，我们先要找到引发强迫行为的根源。例如，反复测量血压的强迫行为，是为了消除或避免因高血压可能发生心脑血管疾病等可怕后果；反复检查煤气是否已关闭的强迫行为，是为了避免因忘记关闭煤气而引发家中失火或爆炸等无法接受的灾难后果。但需要注意的是，这些想象中的可怕后果并非事实。我们只有找出引发强迫行为的根源，并通过各种方式将其消除，才能真正地杜绝强迫行为的发生。

2. 确认安全行为

"测量血压"和"检查煤气"的行为可被视为安全行为，属于用以消除恐惧、担忧情绪所采取的回避或重复性的强迫行为。安全行为更多地表现为远离或逃避某些人、事或场所，借以获得心理上的安全感。

在很多强迫洗手的案例中，焦虑者为了避免洗干净的手被再次"污染"，不敢触碰任何他认为不干净的地方，更有甚者，在洗完手后，他用手拿家中的日常生活用品也要垫着卫生纸巾。一些担心自己在正式场合（如大会或重要仪式的活动）会控制不住地突然大叫或说些污言秽语的强迫症患者，从不敢参加或出席此类活动。这些都属于安全行为，它们是强迫行为得以维持与延续的重要因素。为了避免强迫行为的发生，焦虑者需要记录自己为了回避"灾难"后果的发生所采取的一系列安全行为，并尝试逐步突破。

3. 评估恐惧的合理性

这一点可被视为自我认知的思辨与校正过程。焦虑者需要对自己的恐惧进行更为理性的审视，找出其不合理性。例如，血压升高就会马上导致心肌梗死、脑梗等灾难后果吗？焦虑者需要将关注聚焦在如何控制好血压的问题上，而非高血压所导致的灾难后果及恐惧情绪中。

针对反复检查煤气是否已关闭的行为，我们可以想象一下，虽然自己一直如此担忧，可并没有一次忘记关闭煤气，并且自己一向小心谨慎，又怎么可能会忘呢？我们即使真的忘记关煤气，就真的会发生火灾或爆炸吗？评估一下这种情况真实发生的概率等。通过这样的合理评估，我们可以增加内心的确定感与安全感。

4. 暴露训练

本节提到的两个事例，只适合进行想象暴露，焦虑者可以想象自己现在已经处于因血压高而发生的心肌梗死、脑梗等灾难情境中；想象因忘关煤气，家中已经发生了火灾或爆炸的灾难情境。注意，在暴露中焦虑者要直击自己最不能接受的恐怖情境，并且不要有任何的回避行为，使恐惧的情绪在想象暴露中逐步减少，直到消失为止。通过不断的暴露训练，焦虑者会逐步对所恐惧的情境脱离敏感，直到想起以前无法接受的灾难情境也无法唤起强烈的恐惧或焦虑的情绪反应为止。当引发强迫行为的恐惧根源不复存在时，强迫行为就会随之自然消失。

第二个方面：仪式阻止法

仪式阻止，即识别并阻止那些试图缓解或消除令人痛苦的侵入性的灾难想法或画面而进行的强迫性仪式，包括强迫思维与强迫行为。例如，具有强迫症的焦虑者认为，每次洗手时，只有洗 5 次才能彻底清除手上的病菌，从而获得内心的安宁与踏实感，我们可以通过仪式阻止策略，直接减少洗手的次数，从而阻止强迫行为。

重复行为真实地增强了焦虑与恐惧感，强化了强迫行为。因此，减少重复的强迫行为（如反复测量血压、洗手等）便会有效地减轻焦虑与恐惧情绪。下面我介绍几种减少重复性强迫行为的方法，供大家参考。

1. 直接抑制，转移聚焦

在强迫行为刚刚出现的时候，我们直接抑制强迫行为，减少其发生的频率或许并不困难。而且，强迫行为只能让我们短期受益（暂时减少了焦虑与恐惧），但会带来长期的更为严重的焦虑与恐惧，因此我们需要有意识地抑制强迫行为。这种抑制可能会让我们在短时间内增加焦虑情绪，在此情况下，不去进行强迫行为会令我们感到不安，甚至产生更为强烈的心理痛苦。这时我们需要努力地将关注转移到正在做的事情上，聚焦于事情本身。当我们将关注从所担忧、恐惧的事情转移到正在做的事情上，我们就打破了强迫行为的死循环。

由于关注的转移，因对潜在灾难后果的关注所引发的焦虑与恐惧自然会减少。我们这样忍耐并坚持一段时间，进行强迫行为的冲动很可能就会变弱。慢慢地，我们会发现，在没有进行强迫行为的情况下，自己所担忧的灾难后果并没有发生。这时，我们的确定感与安全感便会得到提升，无须再通过重复性的强迫行为获得短暂的安全感，强迫行为自然会慢慢消失。不过，这种方法一般只对较轻微的强迫症状有效。

2. 延迟强迫行为

对于一个真正的强迫症患者而言，他忍住不去进行强迫仪式

（强迫思维与强迫行为），说起来容易，做起来难。

针对强迫行为的反应阻止，是一个艰难的过程，它需要强迫症患者具备强大的恒心与毅力，并且很多时候可能并不会成功。这个过程有点儿像吸烟者戒烟，吸烟者吸烟后感觉舒服了，就不再焦虑，但是这种方式会不断地增加吸烟者对香烟的依赖性。在这种情况下，吸烟者可以延迟吸烟的时间，只有到忍不了时再吸烟。这种行为干预的方法同样适用于强迫行为。

当强迫症患者产生强迫行为的冲动时，他可以先暂缓行动，转移聚焦，做些其他事情，直到压抑强迫行为的感觉快要导致他崩溃时再行动。他可以通过这样延迟满足的方式慢慢地降低强迫行为发生的频率。

3. 强迫行为的自我监控

我们可以对自己的强迫行为每日进行自我监控。

如下页表格，我们可以每天填写"仪式阻止自我监督记录表"，将自己每天的强迫行为状况记录下来，包括强迫行为的开始与结束时间、强迫诱因（导致强迫行为发生的恐惧因素）、具体的强迫行为以及痛苦的程度（以 0—100 若干数字作为等级描述痛苦程度，0 代表毫无痛苦，100 代表难以忍受的痛苦）。我们可以随时随地填写，不要拖延记录，这样做便于自我监督与控制，并且可以一目了然地看到自己努力的进展。

需要说明的是，单纯地记录并不是目的，我们通过每日的记录来克制并减少强迫行为发生的时间，形成自我竞技（比如拿本周累计的强迫行为时间与上周的累计时间进行对比），甚至可以为自己设定每周减少强迫时间的目标和相应的自我奖励，从而强化这个过程。

▼ 仪式阻止自我监督记录表

日期：× 月 × 日				
开始时间	结束时间	诱因	强迫行为	痛苦程度（%）
8:30	9:00	担心忘记关煤气	检查煤气	60
10:10	18:30	恐惧患上心梗	测量血压	80

总之，强迫行为只是暂时地使焦虑与恐惧情绪得到缓解，并没有真正地解决问题，还会加速强迫症的形成，进而使情况恶化。

我们可以不断地暴露到引发强迫行为发生的恐惧情境中，逐步地减少并消除恐惧；还可以采用直接抑制并降低强迫行为发生频率的仪式阻止法，控制并减少强迫行为的发生。

▷▷▷
拖延行为

拖延是一种普遍存在的问题,每个人或多或少地都有拖延的情况。比如,面对某一项即将交付的工作或学习任务,我们会不断地延迟开始这项任务,只要一想到这个任务,心里就会感到莫名的烦躁。

你对下面的情景可能并不陌生,因为它就发生在你或者你周围的人身上。你原本计划晚饭后就开始工作或学习,但晚饭后感觉犯困,所以打算先休息一个小时,可过了一个小时后又想再看会儿手机或再追一集电视剧,结果又过了一个小时,这时你面对不得不去完成的工作开始变得烦躁不安,脑海里就像有两个小人在打架一样,它们不断地争论,最后你好不容易坐到书桌前准备开始工作或学习,可没坐几分钟你又开始东张西望,看看手机,起身吃点儿东西,或者干脆坐着发呆……想到要做的事,你真是一筹莫展呀!天色已晚,你觉得熬夜会影响明天的工作或学习,决定明天早起再做。于是你定好闹钟,安心地去睡觉了。可是到了第二天早上,你发现离开温暖的被窝是件非常困难的事,导致任务依然被搁置。

就这样日复一日,随着截止日期的临近,你变得越来越烦躁不

第四章 那些助长焦虑的行为模式

安,一想到要去做的事,你就感觉整个人像生病了一样;但只要离开要做的事,你就会精神大振。当然,你会发现,你对自己的拖延行为有着各种各样的理由。然而,你越不去做,反而越着急,当你感觉难以完成任务时,你又不断地进行自我攻击与自我否定,甚至产生了负罪感,于是在焦虑、烦躁情绪的笼罩下,抑郁情绪也随之而来。

拖延是一种失败的自我调节。很多时候,我们面对不得不去做的工作,出于各种原因一再拖延,使内心备受煎熬。显然,暂时从工作任务中逃离的行为并不能真正地让我们放松,因为拖延的工作往往是必须完成的。工作应做而未做,意味着将对我们产生负面的影响,其结果必然会导致焦虑的发生。而且,焦虑情绪会随着工作截止时间的不断临近、工作任务又迟迟无法开始而逐步加重。由于可预见的负面后果在不断地逼近我们,我们就会变得烦躁不安。

随着焦虑情绪的加剧,我们更加难以专注于所要做的事情,因为它已经严重地影响我们做事的效率。做事效率越低,我们越会焦虑,越焦虑则越拖延,进而形成恶性循环。在经历了如此的循环与一番自我挣扎后,我们一旦倒在了困难面前,便会陷入"习得性无助"的状态,进而产生对自我的贬低、否定等负面情绪。紧接着,无能感、无助感与无力感等一系列负面感受就会一股脑儿地袭来,导致抑郁情绪的产生。严重的拖延症会对身心健康造成明显的负面影响。

要想解决拖延的问题,我们就要先弄清楚导致拖延行为产生的原因，然后对症下药。事实上，造成拖延行为的原因复杂多样，不尽相同。下面是导致拖延行为产生的一些典型原因：

1. 完美主义

完美主义是造成拖延行为的重要原因。人们经常花费大量时间去想如何做得更好，甚至完美，却迟迟不行动。

你可以想象一下，要将一件事做到完美无瑕，是一种怎样的心态与体验？比如，你计划写一篇精妙绝伦、别人很难改动一字的论文（如《吕氏春秋》，能改一字者赐千金）。在这种期待下，你恐怕很难写下去，因为极致的追求会令你对自己所做的一切工作都不满意——你不管做得多好，总可能会有更好的选择。

你若对每一个细节都要求完美无瑕，就很难进行下一步的工作。在这样苛刻的自我要求下，你将会因工作推进艰难而激起内心的焦躁，结果不但无法使工作完美呈现，反而使信心被不断地消磨殆尽。

我曾经遇到过一些追求完美的学生，他们在考试时没有做完试卷。他们之所以出现这种情况，不是因为没复习好，而是复习得太好了。他们在答题时总希望每道题都能得满分，结果在前面的题目上花费了太多时间，导致没能把后面的题目做完。另外，完美主义者"宁缺勿滥"的特性，导致他们宁可什么都不做，也不愿去做某些无法做到最好的事情。

2. 任务本身存在一定的难度

我在多年临床实践工作中发现，导致拖延行为产生的另一个很重要的原因，就是任务本身的复杂、困难重重，让人很难完成，比如博士论文或者为期几年的科研项目。这些任务本身庞大且复杂，需要一个人运用多方面的能力、耗费大量的精力方可完成。

我们需注意一个问题，即从复杂且困难的任务中逃离是人类的一种基本行为模式。比如，一个具有大学文化水平的人去做小学生的作业，自然轻轻松松，绝对不会止步不前。再比如，一个沉迷于网络游戏的学生绝对不会在打游戏上拖延，相反，他们的拖延往往表现在迟迟无法结束游戏的"瘾"上。网络游戏远没有博士论文那样烧脑，它还不断给予玩家各种感官上的刺激与虚拟的成就体验。由此可见，任务本身的特性也是产生拖延行为的一个重要原因。

困难是一种主观的体验，相同的任务带给每个人的难度感受是不同的。对于一个任务来说，执行者之所以感到困难，有时也是因为其与任务相关的专业知识或技能有所欠缺。执行者接到任务后觉得无从下手，这时可以先做一个思维导图，对完成该任务所必备的知识与技能，以及如何完成，进行一番系统的分析，再按步骤去执行。

3. 拖延行为本身就是一种行为习惯

拖延行为有时无关人格特质（如追求完美），只是拖延者做事时一种既定的行为习惯。

我们在做事情时往往会预估一下完成该事情大致所需要的时间。比如，你预估写完一个报告需要 3 天时间，而现在距离交报告的时间还有 10 天。此时，你可能会这样想，"时间还早，根本不用着急"，"还可以再轻松几天呢"，"明天的事就交给明天去做吧"，诸如此类。可是，随着交报告的时间一天天临近，你的神经也开始紧绷起来，压迫感不断增强。在紧迫的时间重压下，你终于无可逃避地开始工作。当然，你此时能否完成报告，在很大程度上取决于是否有精准的时间预估，并且不能有任何意外发生。

有拖延习惯的人，其工作经常处于重压和高度的时间紧迫感之下。当然，这种状况有时也会给他们带来兴奋感，因为在高压下工作，可能会激发出他们的斗志，从而引起效能的提升。而且，一些人认为自己只有在重压下工作，才能高效做事或更有创造力。是的，在时间紧迫感的驱使下，工作效率可能会显著提升，但是效果呢？"临阵磨枪，不快也光"，恐怕只能达到看起来"光"，根本无法达到"快"。这是一个非常简单的道理：一项任务，用 10 天完成的效果与用 3 天完成的效果相比，哪个效果更好？

4. 惧怕失败与成功

很多焦虑者在接到工作任务后，第一反应并不是思考如何有效地解决问题、完成任务，而是产生自动化的反应——"我是做不好的"——然后陷入焦虑的痛苦。随后，焦虑者又会产生一系列的灾难想法，比如，"做不好就会很丢人""领导和同事会看不起我"，等等。为了避免这种糟糕的后果出现,他们索性不去做事了。

这部分拖延者的思维逻辑是:"我之所以没有完成工作,是因为我没有做,并不能证明我的工作能力不行。"在他们看来,没做总比做不好更容易接受。他们如果认真去做了,结果没做好,就说明他们能力不行。

这种现象并不少见。我曾经遇到过不少这样的学生,他们如果觉得某场考试没把握,索性果断弃考,以保全自尊,以为如此就可以不落别人口实,也不会在自我评价上落下"污点"。为了避免无法承受的失败结果,他们宁愿选择不考试。这种拖延行为的动机源于回避失败。

恐惧失败并不难理解,可是惧怕成功又是怎么一回事?持有这种观念的拖延者往往认为成功是有风险的。他们认为,如果自己很好地完成了艰巨的任务,那么势必会获得别人的青睐,从而被寄予更高的期望。但是,所谓"高处不胜寒",他们如果不能每次都保证成功,一旦失败,他们势必会"摔"得很惨,跌落神坛。此外,成功也是需要付出巨大的代价的。一个人要想取得成功,就需要承受巨大的心理压力,进行超负荷的劳作、竞争,以及消化他人的妒忌……在这种认知的支配下,他们为了免于成功带来的压力和麻烦,就会选择消极怠工,在行为上表现为严重拖沓。

5. 其他原因

导致拖延的原因可谓千奇百怪，难以尽述。行为上的拖沓往往是内心的抵触，拖延者可能对所要执行的任务本身就很排斥，没有兴趣，甚至厌恶。这与所执行任务的难度与困难无关，只是对任务本身的抵触。

不过，除了任务本身，这种抵触也可能源于安排任务的人。由于对安排任务的人排斥，进而对这个人所安排的任务也排斥。从潜意识的层面来说，这可能也是一种权力的争夺——完成别人安排的事情，往往是一种顺从、被动的表现，而听从安排就代表掌控感的丧失。因此，拖延行为就成了一种对"强权""支配"的抗争行为。

当然，这种无形的抗争很有可能源自当事人的早年成长环境。一个人如果成长于一个高控制、高支配、父母强势的家庭中，他就会在潜意识里形成反抗他人管控的习惯。

此外，"分散物"也是造成当事人办事效率低下、行为拖沓的重要原因。所谓"分散物"，是指那些干扰注意力且容易令我们分心的一切事物。例如，现在你正准备写一篇论文，需要高度集中注意力，而你每天的游戏任务却一直牵绊着你，使你无法专注地写论文，你便会一边写论文一边想着玩游戏的事。

针对造成拖延行为的一些主要原因，我们该如何改善拖延行为呢？

若想改善拖延行为，我们先要清楚拖延带来的严重后果。我们越拖延去做某些事情，越将陷入糟糕的境地，唯有果断地行动起来，我们才能让自己免受焦虑侵袭，避免真正的灾难结果发生。

然而，行动起来并非一件易事。大多数拖延者清楚地知道拖延行为的危害，却难以付诸行动。因此，有效的拖延行为应对策略，需要建立在针对引起拖延行为的具体原因基础上。

1. 审视目标的合理性，降低过高的预期

我们需要清楚，这世上本无完美，所谓完美，指的只是一种理想的极致。每个人对完美都有不同的解读，你所认为的完美，未必是他人眼中的完美。那么，我们所追求的完美究竟给自己带来了什么？

事实上，无限接近完美是一个渐进性的过程，难以一蹴而就。况且，很多惊世骇俗之作也是在不断的打磨与完善中诞生的。因此，我们需要审视目标的合理性，降低过高的预期。

制定目标时，我们需要清楚自己当前的真实状况、水平（比如自己以前完成目标的真实情况），并以此作为制定目标的基准。当一个目标过高以致难以企及时，我们可以先设置阶段目标，然后逐步完成。

打破对完美的苛求，重点在于快速地行动——我们可以先完成能完成的部分，而不是只想着如何做到最佳。

我们需要知道，完美主义是一种病态人格，而拖延行为是它的表现之一。我们要彻底解决完美主义问题并不容易，通常需要系统

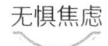

化的心理干预才能达成。

2. 拆解目标，逐一击破

对于庞大且复杂的任务，我们可以采用"任务分割"的方法，先将一个庞大的任务项目分解成若干个小步骤，然后逐一完成。这样做会使我们感觉整个任务难度明显下降，因为单位时间内需要应对的只是每个细分任务或步骤，避免产生面对一个庞大任务时的茫然无措感。

比如，你需要完成一篇论文，便可以先列出完成这篇论文需要去做的工作及步骤，找资料、每天阅读2篇文章、列大纲、背景介绍、每天写1段内容……然后根据任务的具体情况及性质进行细化的拆分。

3. 反思拖延行为的真实影响与后果

对于习惯性地将任务拖到最后一刻才开始的拖延者来说，他们需要反思拖延行为带给自己的真实影响与后果，比如强烈的紧张与心慌感、时间的压迫感，以及并不理想的结果等。

尽管有一部分人可能会享受时间的高度紧迫感所带来的刺激体验，但久而久之，高压的状态会导致产生强烈的焦虑情绪，甚至产生恐慌情绪。这不仅会让当事人感到明显的痛苦，还会影响其工作，继而产生不好的结果。因为随着焦虑情绪的加重，在其超过一定限度后，当事人的效能会下降，所以，当事人不妨针对这种拖延行为列一个"成本与收益分析表"（具体方法见附录），分别列出这种拖延行为的优缺点，并将二者进行理性的评估与比较。

在高度焦虑的状态下工作，不仅影响心理健康，也会对身体健康造成严重的影响。拖延者可以结合以往的实际情况，运用"任务分割"的方法列出一个时间管理规划——比如，整个任务需要几天完成，每天需要完成的任务量是多少等，再将需要完成的每部分任务依据自身的实际情况分配出合理的时间。这样，每部分任务都有充分的时间去完成，从而避免产生因短时间、超负荷的工作量带给自己的压迫感与痛苦感。

4. 进行系统的认知校正

因害怕失败或成功而产生的拖延行为，是典型的认知偏差表现，需要进行系统的认知校正，找到形成这些想法的更深层的原因。

性格上敏感多疑，心理上恐惧失败或成功的人往往很在意别人对待自己的态度，以及别人对自己的评价。这种敏感多疑的性格有可能源于自卑的心理以及过低的自我评价，是一种低自尊的人格特质。

自信的缺失是导致他们不断产生消极暗示的重要原因。他们一收到任务，就认为自己无法完成，即使还没有去做任何尝试。在这种消极的心理暗示下，他们自然也无法从行为上做到积极面对。因此，在这种情况下，他们需要更多地聚焦于如何解决当下的问题，积极地行动起来。

他们的偏差认知还体现在将"做不好""没有做"的严重性与负面影响本末倒置。他们即使没做好，起码还有一个结果，甚至有可能是一个不差的结果——即便结果不理想，他们仍可再努力，然而"未完成"或"不作为"则意味着"零"，是必要表现的完全缺失。他们虽然从主观感受上可能保住了颜面，却会在客观上产生更为严重的后果。例如，学生因惧怕考试失败而罢考留级或重读，员工因担忧述职报告不能令领导满意而主动放弃晋升机会等。因此，他们需要权衡利弊，理性地思考拖延行为可能带来的后果。

此外，很多时候我们高估了别人对我们的关注。试想，你是否会将自己的大部分精力放在周围的每个人身上？事实上，每个人关注的焦点都是自己。

而恐惧成功与恐惧失败存在类似的认知错误。他们往往也不断发出消极暗示，认为成功反而会给自己带来更多的麻烦，比如恶意竞争、被委派更艰巨的任务、成为大家关注的焦点，甚至成为众矢之的。

与恐惧失败一样，他们需要去寻找支撑这些消极暗示的证据，以及这些证据是否具有代表性，它们是否能够反映出大多数真实的状况。但是，他们应该思考一下：其他更有可能发生的正面状况以及由此带来的正面收益又是什么呢？

总之，向拖延行为发起挑战前，我们先要弄清楚为何要战胜拖延，从而增强战胜它的动机与决心；然后在此基础上弄清楚造成拖延行为背后的原因；最后我们需要明确一点，造成拖延行为的因素可能并不是单一的，而是多种因素共同作用的结果。因此，为了解决拖延问题，我们要有针对性地综合运用一些方法与策略。

第五章 我必须做到『最好』

完美主义与焦虑

每个追求卓越的人都向往更好的事物,然而,追寻极致的道路永无止境。完美或许只存在于人们的理想中,可遇而不可求。这世上怎么会有真正完美无缺的事物呢?"完美"之所以成为完美主义者不懈追求的目标,或许就在于其永远无法企及的至高境界。

追求完美往往能够成就一个人的优秀与卓越:没有达·芬奇对完美的不懈追求,世人就很难看到他的旷世杰作《蒙娜丽莎》,其无可企及的艺术成就也就无从谈起;没有乔布斯对每个产品细节近乎变态的苛求,就没有今天"苹果"产品遍布全球的辉煌。这些追求卓越与完美的人不但取得了举世瞩目的个人成就,而且对人类文明的发展有着不可磨灭的意义与价值。

当一个人为其所热爱的事业投入全部精力,孜孜不倦地工作时,他常会乐在其中,因而获取卓越成就也就成了水到渠成的结果。

然而,人们因对完美的过度苛求,就设置过高且不切实际的目标,又会让生活充满焦虑、挫败与失落。因此,完美主义者对自己的苛刻要求可能会成为他们自我毁灭的原因。

我们先通过一部经典作品——曾获奥斯卡奖、被誉为最佳心理学影片的电影《黑天鹅》——来诠释完美主义。影片的女主角妮娜是一名出色的芭蕾舞演员,她从小与同为芭蕾舞演员的母亲生活在一起。母亲对她要求严苛,而且控制欲十分强烈,使妮娜在生活中只有舞蹈和职业目标。

一次,影片中的导演为芭蕾舞剧《天鹅湖》挑选女主角,要求舞者同时饰演优雅高贵的白天鹅和魅惑诡诈的黑天鹅——这是两个截然相反的角色。追求完美的妮娜极力去争取这个难得的机会。她能很好地演绎出白天鹅的优雅与高贵,但始终无法很好地表现出黑天鹅的魅惑与诡诈,因为她是在母亲的严苛要求下长大的"乖乖女"。

妮娜有个强劲的竞争对手,名叫莉莉。莉莉简直就是黑天鹅的化身。两个人为了争夺这个角色,使竞争愈演愈烈。妮娜的心理甚至变得扭曲了。为了得到这个角色并完美演绎出黑天鹅的样子,妮娜开始不断地发掘自己的阴暗面,她不断地节食、吸毒、放纵情欲,甚至反抗、殴打妈妈,完全颠覆了优雅端庄的"乖乖女"形象。

妮娜不断释放本我,追求极致与完美,终于成功演绎了黑天鹅,获得了导演的认可,得到了黑天鹅的角色。然而,这并没有令她感到满足。妮娜总是感觉身边潜伏着一种莫名的威胁,久而久之,她开始猜忌自己的竞争对手莉莉,总疑心莉莉正在策划一场阴谋,只要自己稍有差错便会被其取而代之。为此,她逼迫自己更加刻苦地训练，力求做到极致与完美。

后来，妮娜开始频繁出现幻觉。演出当天，她在精神错乱的状态下幻想自己杀死了竞争对手莉莉，其实她把刀插进了自己腹中。在影片的最后，妮娜简直就是在用生命跳舞。那一刻，她体会到了自己所追求的完美，成为真正的天鹅皇后，却倒在了血泊中……

影片《黑天鹅》不但向我们展现了人的两面性，而且真实地诠释了完美主义带给人们的惨痛代价。追求卓越会令人更加出色，但过度地追求完美就会丧失其积极的意义，甚至使人心理失衡、精神扭曲。"黑天鹅"象征着人性中被压抑的邪恶面，它充斥着欲望、野性与魅惑，在人们追求完美的过程中被充分地释放出来。

在追求完美的过程中，妮娜不断挑战自我、突破底线，充满了担忧与恐惧，为了捍卫自己"天鹅皇后"的极致形象而精神错乱，她以为在幻觉中"杀死"了威胁自己地位的竞争对手，真相却是自我毁灭。

不可否认，追求完美具有一定的积极意义，它促使人们设定更高的目标，从而驱动自己为了成为更优秀的人不懈努力。然而，过度地苛求完美又会带来一系列负面的情绪以及行为结果。

在心理学上，很多心理学家从不同的角度诠释了他们对完美主义的理解。

哈姆柴克把完美主义分为正常的完美主义和神经症性完美主义。正常的完美主义者会为自己设立切实可行的目标，达成目标后能够感到愉快，并在特定情境中有灵活应对的能力，比如降低预期目标的标准等；而神经症性完美主义者则会设定不切实际的行为或成就目标，总是对自己的努力感到不满，并且没有灵活应对的能力，比如不愿意降低预期目标的标准。

霍伦德把完美主义界定为一种本质上消极的人格特质，表现是对自己或他人的不切实际的要求，即在任何时间、任何地点都要表现优异。

伯恩斯认为，完美主义者的标准是不切实际的，他们强迫性地、坚持不懈地朝不切实际的目标努力，并完全根据产出和成就衡量自身价值。

弗洛斯特等人将完美主义定义为"设定过高的自我表现标准，并伴随过度批评的自我评价"。而精神分析学派的霍尼则认为完美主义是"苛刻的要求"，是一种神经质的人格。

从以上心理学家对完美主义的释义中可以看到，完美主义更多地被描述为对自己或他人不切实际的、过于严苛的标准与要求，并且常与负面的自我评判有关，是一种负面的人格特质。

现实生活中有很多像妮娜一样的完美主义者——他们追求一种极致的完美。在追求完美的过程中，他们总是表现出过度的谨小慎微，甚至吹毛求疵。对于他们来说，任何细微的过错或瑕疵都可能会导致目标流产，这是难以忍受的。

你可以想象一下，一个想要考满分的学生，他需要对考试范围内的内容达到百分之百掌握的理想化程度，这就意味着他不容许有不会的知识点出现。为了达到这个目标，他不仅需要对教科书、笔记等一切学习资料进行地毯式的复习，还需要对相关知识点展开延伸的学习，从而确保万无一失。在复习过程中，他处在精神高度集中与紧张的状态，十分焦虑。如果这时再遇到不会或做错的题目，他就很有可能陷入烦躁、懊恼与自责的情绪泥潭，甚至形成预期性的焦虑，即担忧再次出现差错或难题。因此这会让他对每一个要复习的知识点或题目变得更加敏感——生怕遇到不会的内容，整个备考复习的过程都会让其充满焦虑与担忧。

其他的工作任务等亦是如此。当我们想要达到极致、做到最好时，我们在做事过程中必然处于极度认真、专注甚至精神紧张的状态，这时任何差错都会使我们变得过于敏感，甚至形成预期性的焦虑与担忧。

而且，由于完美主义者追求的目标过高，这使他们经常不满于自己所做的事，因为永远有更好的可能在前面等待着他们——这使他们很容易陷入无尽的焦躁与对自己的愤怒。他们无论怎么做，总是感觉还不够好，不断地纠结于细节，使任务进展缓慢、拖延变得遥遥无期。正是这种心急如焚却裹足不前的状态，导致完美主义者产生了严重的焦虑情绪。

此外，完美主义者对竞争者或周围的人常表现出敌意与攻击性。为了保持自身的优势，他们拼命地向前"奔跑"，即便已经疲惫不堪，仍要时刻地关注着后面追赶他们的人。有时为了保持这种优势，他们甚至不惜代价地阻挠后面的追赶者。他们这种对于他人的过度关注与提防，以及自我的危机感，也是产生焦虑情绪的原因。

完美主义不但会导致焦虑，还会引发抑郁。当无法达到过高的目标时，他们会不断地体验到理想与现实的差距，继而因这种"差距"产生的"不完美"陷入无尽的挫败、焦躁、自责、自我否定与攻击的痛苦里。然而，即使达到预期的目标，他们也很难产生成就感与价值感。因为他们经常认为自己所做到的一切都是应该的、理所当然或者平平无奇的。在他们眼中，无论做出来的成绩在别人看来有多么出色，他们始终认为那是不够理想或有瑕疵的。

完美主义者更多地聚焦在自己尚未达到、仍需提高的方面，这使他们很少感受到自己的优秀，体会不到自我价值感。当关注定格在尚未达到的完美状态时，完美主义者所体验到的将永远是焦急感、无能感或无力感。由于这种习惯性的负面聚焦，他们总是看到自己不足或还不够好的方面——这也从某种程度上揭示了完美主义与抑郁之间的关联。

这一点从完美主义者的"二分法"——"非白即黑"的思维模式中也可以体现出来。在完美主义者眼中是没有"中间"或"灰色"地带的，往往不能做到最好便是糟糕的、差劲的。他们经常认为如果不能做到最好便是失败。而这种"失败"（即不是最好或非常棒的）的经历又会催生或加深他们的负面自我评价，导致产生更为消极、负面的自我认识。

另外，对完美的不懈追求，是完美主义者希望通过这种行为树立一种正面、强大、值得赞赏和令人羡慕的形象,以期得到别人的认可,继而获得更多的自我价值感与成就感。当然,他们之所以想通过别人的认同来获取自我满足,也很有可能是因为他们本身自信与自我认同感的缺失。因此,追求完美作为一种自我补偿行为,其目的是让自己更加优秀,继而完成自我的修复与救赎。

尽管不是所有的完美主义者都是如此,但不可否认的是,这种情况确实是部分完美主义者的真实心理。他们害怕失败,对别人的评价非常敏感,担心自己被他人看不起,希望得到他人的认可与肯定。正如影片中的妮娜,一方面,她拼尽全力地争取机会,"踩踏"与"屠戮"竞争对手,甚至不惜用生命去演绎角色,这显然是一种病态的追求,而且很有可能与早年她母亲严苛的要求、无情的指责或打压有关;但是另一方面,我们有理由推测,妮娜之所以会有这种表现,可能是因为她缺失自信或自我价值感,于是她选择通过这种极端甚至扭曲的方式来证明自己,从而完成自我的救赎。

完美主义的人格特质一般萌发于早年,而早年的家庭成长环境对完美主义的形成具有重要影响。大部分完美主义者成长于高期望、高控制、要求严苛的家庭中。他们对完美的追求通常是习得的,比如从小就被告知只有达到"最好""顶尖"才能算好,并被要求事事做到出类拔萃。很多时候,他们即使已经做得很出色,依然很难得到表扬与肯定,甚至还会被父母质问"为何没有做得更好"。

比如,一个人考了全班第三名,满怀欢喜地与父母分享这个好消息，结果却被父母冷冷地问道，为何没能考第一；如果成绩不理想，他就会受到批评。在这样的教育环境下，完美主义者很难真正地认识到自己的优秀，即使做得再好，也会认为那是应该的（并非因为谦虚），并不值得骄傲。在他的成长过程中甚至还可能充斥着各种"价值条件"，即只有达到父母严苛的要求或过分的目标时，才可能获得他们的微笑与关爱。在这样的成长环境下，完美主义者慢慢地接受并认同了父母的标准与要求，并内化为自我的要求与目标。完美主义者为了满足父母的要求、博得他们的欢心进行艰辛的努力，同时为了避免父母的责骂与惩戒，常处于惴惴不安的状态。

因此，完美主义者会陷入极度的焦虑，不断地关注自我的不足，计算自己与目标的差距，并且在不断地挑战一个个更高的目标过程中逐步扭曲自己，最终发展成为病态的完美主义者。

这也迎合了弗洛斯特等人提出的关于完美主义的几种阐述：

1. 害怕错误，担心失败，认为哪怕小的错误也会导致失败，并且会失去别人的认可；
2. 过高的个人要求，成为自我评价的重要因素；
3. 行动的疑虑，对自我完成任务的能力产生怀疑；
4. 对秩序、条理及整洁等方面的过度追求；
5. 源自父母的期望与要求；
6. 父母的批评，即对父母过分批评自己的一种知觉。

事实上，完美主义人格与不同的负面情绪及临床心理问题有着密切的关联。

在追寻极致目标的过程中，完美主义者始终保持紧张、担忧的状态，对任何问题或瑕疵都表现得极为敏感与焦虑，同时又会因为自己的"不完美""不出色"以及与理想目标的差距倍感羞愧、自责，甚至进行自我否定与攻击，从而导致抑郁情绪的产生。

在追求完美主义的道路上，谨小慎微的态度、过度的严谨以及对于错误的"零容忍精神"，促使当事人发展出反复确认与检查的强迫行为，继而形成强迫症。完美主义者不断地进行自我施压，就很可能存在暴食症、物质依赖以及边缘人格等一系列心理精神障碍的风险。

由于完美主义者追求的是一种极致的状态，那是一条没有终点的路——随着时间的推移与个人能力的不断提升，所谓的完美标准必将不断被刷新，绝对的完美或许只存在于理想中。就像兔子望着挂在眼前的胡萝卜，无论它怎样拼命地奔跑，永远都吃不到近在咫尺的胡萝卜。完美主义者要想真正地摆脱完美主义的桎梏，应对追求完美主义所造成的真实伤害有清晰的认识。

那么，完美主义到底有什么危害呢？

诸葛亮是一个家喻户晓的人物，他是智慧与忠义的化身。有人曾感慨，如果诸葛亮再多活 20 年，那么三国的历史将被改写！但很可惜，诸葛亮 54 岁就离世了，留下"出师未捷身先死，长使英雄泪满襟"的千古遗恨。有人说，他是被活活累死的。我想，诸葛

无惧焦虑

亮的早亡或许与他的完美主义特质及焦虑有很大的关系。

诸葛亮是个"工作狂",一生励精图治、勤勉有加,凡事亲力亲为,绝对称得上"鞠躬尽瘁,死而后已"。他的完美主义至少表现在两个方面:

1. 诸葛亮制定了"几乎不可能完成"的超高目标——匡扶汉室,一统三国。三国中刘备的蜀最弱,以偏隅一方之地讨伐整个中原,难度太高了!诸葛亮为了实现这个伟大的目标,夜以继日地奋斗,并经常为不能实现它而焦虑、苦恼甚至自责。

2. 谨慎、多思是诸葛亮一贯的行事风格。据史书记载,他行军打仗,每一步都非常谨慎,反复推演、盘算,凡事亲力亲为,力求做到万无一失。长此以往,他就养成了过度谨慎、多思多虑的个性特点。

史学家分析,诸葛亮过度求稳、谨慎、力求万无一失的做法,令他错失了一些获胜的绝好机会。为了实现统一大业的超级目标,在蜀国根基未稳、人才凋零的情况下,诸葛亮常年在外征战,穷兵黩武,对内政疏于管理,致使宦官干政,祸乱朝纲。诸葛亮常因尚不能一统天下而哀叹不已,因军事上举步维艰而寝食难安。他食少事多、事必躬亲、思虑过重,最终因操劳过度、身心憔悴而早早退出历史舞台,使"鞠躬尽瘁,死而后已"成为他完美主义人格下难以摆脱的历史宿命。

相比之下,诸葛亮一生的劲敌,同为军事家、政治家的司马懿心态要好得多。

司马懿前半生的日子并不好过,一直生活在曹氏家族三朝四代的猜忌、政治压迫中,并且数次被革除官职。面对诸葛亮的羞辱,他从容地穿上女人的衣服;面对曹爽的骄横跋扈,他选择卧床装病,始终没有动怒。司马懿最突出的性格特点就是蛰伏隐忍、豁达开朗,内心淡定从容。他"以静制动",成功地抵御了诸葛亮的五出祁山,保住了三秦之地。可以说,他耗死了诸葛亮,耗死了曹操祖孙三代,耗死了三国所有的能人,一次兵变定乾坤,自此开启晋王朝。他73岁离世,寿终正寝,成为三国最大的赢家。

可见,我们追求美好的事物,也要适度。我国传统文化对"适度"早就有过精辟的论述。《中庸》提道:"喜怒哀乐之未发,谓之中;发而皆中节,谓之和;中也者,天下之大本也;和也者,天下之达道也。致中和,天地位焉,万物育焉。"它的意思是:"喜怒哀乐的情绪没有表露出来,这叫作中;表露出来但合乎法度,这叫作和。中是天下最为根本的,和是天下共同遵循的法度。达到了中和,天地便各归其位,万物便能生长发育了。"这段话就体现了我们常说的"过犹不及,不能走极端"的意思,即"中庸之道"。

中庸思想强调的做事原则是,从实际出发、从自己所处的境地出发,实事求是,且见机行事。

"日中则昃,月盈则食",太阳到了正午就要偏西,月亮盈满就要亏缺，事物发展到一定程度，就会向相反的方向转化，也就是我们常说的"物极必反"。我们做事需有"度"，过分追求极致、完美，可能会将我们带到一个另外的极端。

拯救完美主义者

针对完美主义的干预，我们需要从思想上到行为上进行一系列系统化的调整。接下来，针对完美主义的一些特点，我结合我的咨询实践经验，给大家提供一些干预的思路与方向。

1. 重新审视完美主义

完美本身意味着极致或顶点，更多是指一种主观评判而非客观标准。完美主义者对完美的追求是永无止境的，因为总有更高的目标存在。

要看清所谓"完美"的真相，完美主义者不妨问问自己：自己在追求完美的路上真正得到的是什么？自己是否实现了期望的目标，实现目标后又有怎样的反应？为了实现目标，自己所付出的代价又是什么？

在追求完美的道路上，一个人要想实现极致的目标，就需要注重每一个细节，不能有任何的错误或疏漏，因为在完美主义者眼中那将意味着失败。这使他们的精神处于高度紧张的状态（这种状态本身就是一种焦虑），同时对于任何可能出现的小问题都变得十分敏感，甚至为此烦躁不已。

除了焦虑，完美主义者对自己似乎永远是不满意的，他们总感觉自己是不好的，尽管周围的人认为他们已经很不错了。一方面，苛刻的要求不但让完美主义者看不到自己的优秀，还让他们找不到对自我的认同感；另一方面，他们因为无法达到自己的标准与要求，不断地体验到挫败感与无能感。

完美主义者认为非白即黑，他们眼中的好往往只是一个极端的顶点，其他都算是不好的。这就是他们无法达到他们所认为的好的标准而屡屡产生挫败感的原因。

更糟糕的是，对完美的苛求让完美主义者在行动上举步维艰，效率严重低下，是造成拖延行为的重要原因。他们即使完成了任务，往往也会感到心力交瘁，因为追求"完美"耗费了他们太多的精力与能量。

我遇到不少这样的来访者。他们希望每一件事都能做到尽善尽美，哪怕面对一次不重要的考试、一篇小作文或主持一次部门会议，都会处于高度紧张的状态。为了让每个细节都没有瑕疵，他们花费了大量的时间和精力来完成这些并不重要的事情。结果日积月累的精神疲惫使他们在面对真正重要的事情时已如强弩之末，再也没有精力应对。他们甚至在生理上对所要完成的重要事情产生了自发的排斥反应，即只要一准备去做事，他们便会出现诸如头痛、胸闷、胃痛等一系列负面的生理反应，根本无法做事。

因此，完美主义者可以就自己所付出的代价与实际的收益进行评估，看看自己的所得与付出是否成比例，所付出的代价是什么，会对今后产生怎样的影响。完美主义者只有切实地看到完美主义所带来的危害，才有可能真正地被激发出改变它的动力。

2. 聚焦优势，提升自信

一个人通过自己的努力很出色地完成一项工作，不但可以收获自我满足感，还可以得到他人的赞扬与认可，从而增强自信心与自我成就感。如此一来，努力工作的行为便得到了强化。他因为从努力工作的行为中获益（如好的结果、被肯定与表扬）了，于是更加努力地工作，以获得更好的结果。

我们也可以逆向思考这个过程，即一个人因为缺乏对自我的认可或自信心，所以他需要从别人的肯定与认可中获得自我认同感与自信心，而努力将工作做到最好就是他达成这个目标的方式。这种行为在认知行为疗法中被称为"补偿性行为"，即认为自己是不够好的或对自己持有否定的态度，于是通过某些补偿的行为或策略试图改变负面评判自我的行为。

很多完美主义者事实上并非信心满满的人，他们之所以去追求极致的目标，并非出于自信，而恰恰是因为缺乏自信，甚至其本身就很自卑。他们害怕别人的否定，无法承受失败的后果，因此他们总是尽可能地将每件事做到自己所认为的最好，并以此来博得别人的认可，从而获得自我认同感和自信，以维系自己的自尊感。

这部分完美主义者，先要增加对自我的肯定与认同感，从而提升自信心，而不是过分地依赖他人的赞扬与认可。为了达成这个目标，他们需要真正地将关注从负面转移到做得好的方面，与此同时需要无条件地接纳并深化别人对自己赞扬与认可的方面。

完美主义的特性决定了他们会更多地将关注聚焦在自己做得不好和还需要进一步提升或改善的方面。当不断地聚焦在这些负面结果时，他们自然就会不断地体验挫败感。相反，完美主义者需要不断地感受正面结果，体会自身的优势与长处，并且无条件地接纳别人对自己的肯定，学会更多地从内因角度来解释自己的成功，这样才能慢慢地提升自信感。

例如，在考试得了一个"A"时，你可以分析：究竟是什么因素导致自己获得了"A"？这时可以更多地从内因角度来挖掘答案，比如专注、自控力强等。

完美主义者常用外因解释自己的成功，比如运气好，老师或领导的偏爱，以及别人只是鼓励或恭维自己等。这并非源于谦虚，而是完美主义者的真实想法。这种想法有个坏处，就是直接将自己好的方面统统过滤掉，只剩下了不好的方面。

完美主义者不妨回忆一下别人对自己有哪些正向的评价（比如赞扬或肯定了自己的哪些方面），然后将别人的赞扬与肯定无条件地接受，并且尝试思考别人是基于自己的什么行为或表现给予了这样的评价，最后细细品味自己做得好的方面，学会接受"镜像"中的自我，即别人眼中的自己。

完美主义者要知道，在大多数情况下，夸奖者并不会非常夸张地、明显地、言过其实地给别人"戴高帽",因为那样做可能会适得其反,让别人误认为他在说反话。这时完美主义者如果对别人的夸奖感到无动于衷,甚至毫无共鸣,就要重新审视一下自己的评价标准,把别人的夸奖和自我评价比较一下,看看是过高了还是过低了。

因此,完美主义者真正开始正视自己做得好的方面以及自身正向的、优秀的特质时,就已向提升自信、打破完美跨近了一大步。

3. 校正存在偏差的认知,客观正向地面对自我

完美主义者往往存在不同方面的认知偏差,这些特定的偏差思维模式构成并且维持了他们的完美主义。

(1)"非黑即白"的二分法思维

在完美主义者眼中,不是好就是差,缺少中间地带。这决定了他们常常因为不能达到自己设定的极致目标,陷入自我挫败与自我攻击的痛苦。

然而,我们知道"好"与"差"是一个连续体的两个极端,两者之间存在着广阔的"中间地带"。完美主义者需要重新审视自己所定目标的合理性,并建立起中间地带。

完美主义者如果认为只有做到前5%才算是好的,自己没有达到这个标准便是差的,那么就意味着95%的人都是差的。客观上真是这样吗?这显然并不符合事实。此时,完美主义者可以尝试在

这95%的群体里找出自己所认可或钦佩的人。

事实上，不少完美主义者虽然认为自己是不好的，但对表现还不如自己的其他人却十分宽容，认为他们还是不错的。这是个比较荒谬的逻辑。

我们可以用一条线段来表示"好"与"差"，如果完美主义者认为自己是差的，请标注出自己在线段中的位置，既然是差的，就应该排在线段上比较靠后的位置，比如后面的30%；接下来请完美主义者将所有客观上（比如成绩）不如自己的人都列出来，并且排出他们在这个线段上的位置。完美主义者可能会惊奇地发现，自己应该会排在比较靠前的位置，比如前面的20%。

通过直观的线段图，完美主义者就可以发现，感知上的自己与客观上的自己在线段位置上具有明显的差异，从而帮助自己打破"非好即差"的认知。这种方法被称为"认知连续体技术"，对改善"非黑即白"的二分法思维比较有效。

（2）去除灾难化想法

害怕失败是完美主义的特征之一。完美主义者害怕失败，源于"失败"带给自己的负面后果。每个完美主义者所担心的后果不尽相同，比如，有的人害怕工作完成得不够好或者表现得不够出色，失去领导的信任，导致自己被否定；有的人则害怕自己会"失势"，丧失作为"绝顶高手""杰出者"的光辉形象与人设。其实这些很有可能只是他们的灾难化想法。事实真的如此吗？

首先，换位思考。你如果是领导，会因为下属偶尔的一次表现不够出色而弃用他吗？一个成熟、稳健的成年人，对他人的评价与印象，往往建立在很多次接触与互动的基础上，而不会因为这个人一两次与良好印象不相符的行为或表现，便将其全盘否定。

其次，思考一下，完美主义者所认为的不够好，在领导与同事眼中就真的不好吗？这种担忧的依据是什么？你可以从既往已经得出的大多数结果中寻找答案。比如，领导对你以往工作成果的评价是什么？

此外，部分完美主义者存在一种"聚光灯效应"，总感觉自己时刻处于别人的关注与评判中，只要自己一时达不到完美，便会招来非议。这导致他们时刻处于高度警觉状态，处处要求自己表现极佳，产生强烈的焦虑与担忧。试想一下，你会把其他人作为你生活里关注的核心吗？你的大部分精力都会用于关注他人的言谈举止及表现吗？

不言而喻，真实的情况是，你所关注的焦点永远都是自己，并且只会抽出一小部分精力留意他人，而你也只是别人眼里众多关注对象中的普通一员而已。因此我们将关注更多地放在自己身上，会让自己轻松很多。

（3）去除"应该"

完美主义者对于完美的追求是无止境的。他们有一个可怕的认知，即无论做得有多好，都是应该或必须达到的，而没有做到则是罪过与耻辱。因此完美主义者即便取得了非常好的成绩或成就，也很难真正体会到成功所带来的喜悦与价值感的满足。

"做得好是应该的，而做得不好就是差劲的"，通常这种想法源于完美主义者早年的家庭教育。完美主义者从小便被灌输这种思想，久而久之，就将其内化成了自己的行事准则。他们可能从来没有质疑过这种"应该、必须"想法的合理性，甚至从来没有意识到自己是完美主义者，直到对完美的无尽追求把他们折磨得痛不欲生。

完美主义者需要重新审视这种想法的客观性与合理性。他们可以问自己如下一些问题：这种想法最初来源于哪里？是什么让自己坚信做得好都是应该的，它的合理性何在？支持以及不支持这种想法的依据分别是什么？如果别人做得一样好，我是否还觉得那是应该的呢？持有这种想法真正让自己得到了什么？什么才是更健康的想法呢？

完美主义者不妨想一想，如果你所做到的都是"应该的""理所当然的"，那么为何还是有很多人没能做到呢？完美主义者习惯性地将自己的成功归于外因，而将别人的成功归于内因。他们总是表现出对自己苛责的一面，而对别人宽容的一面；如果别人没有做到是可以接受的、合理的，那么为何轮到他们自己则是失败的，而做得很棒也只是应该的呢？这是很矛盾的双重标准！

然而，完美主义者如果持有这种双重标准，认为自己就应该比别人强、做得比别人好，那么合理的解释只有一个：完美主义者应该对自己的资质、能力是非常认同的，而且很有自信。事实上，完美主义者是这样评价自己的吗？

4. 设定合理的目标与要求

完美主义者制定的目标往往过高，导致他们很容易陷入困境，难以实现自己的目标。

事实上，很多人都存在这种倾向。他们在制定目标时往往处于充满激情、斗志昂扬的状态，期望获得更大的成就与更多的满足感。这就好像一个人在饥饿状态下，预估能吃掉的东西总是比他实际吃掉的要多得多（英语有句谚语"I can eat a horse"，意为"我饿极了！"，直译为"在饥饿状态下，自己可以吃掉一匹马"）。

他们很多时候全凭感觉及理想的结果来制定目标，而没有根据自己的实际情况制定科学、客观的目标。与此同时，他们总是低估完成一件事所需要花费的时间与精力，结果常常导致这件事无法完成或完成得不够好。因此，我们对目标进行重新审视，制定合理、切实可行的目标尤为重要。

为此，我们在制定目标时需要注意以下几个方面。

（1）设定目标。我们可以根据以往的实际完成情况来制定目标，"踮踮脚"就可以够到，不宜过高，从而避免因无法达到而产生挫败感与自我否定。过去真实完成的情况是预测未来完成情况的重要参数。

（2）拆解目标。我们可以将大的目标进行分解，设立阶段性目标或分期目标，这样我们在面对任务时就会大大减轻心理压力。

（3）目标期限不宜过短，也不宜过长。比如制定细化到每个小时的任务，这样会产生高度的时间紧迫感，导致焦虑倍增，而且基本是无法完成的。我们即使在短期内完成了任务，也会产生快被逼疯的感觉。同样，我们如果将一两件具体的任务设置了半年或一年的期限，则会因为时间过长而造成思想上的松懈、行为上的拖延，出现"前松后紧"的状况。

5. 行为实验——打破完美

完美主义并非与生俱来，它形成于早年的家庭教育与长期的行为实践。除了上述我们所谈到的完美主义形成的种种原因，追求完美的行为本身便可强化这种追求完美的行为。也就是说，我们如果对每一件事都要求尽善尽美、过度地认真负责，那么这种行为倾向将使完美主义人格特质得以维持并得到强化，即行为强化行为。

我们要想切实地解决完美主义的问题，可以从刻意地打破完美的行为开始，从而打破追求完美的惯性。我们可以尝试适当地或刻意地做出一些不完美的行为或举动，比如故意犯些小的错误，打破自己心中的完美形象——这种做法对于促进对不完美自我的接纳会起到意想不到的作用。

例如，完美主义者可以对自己的工作要求进行一定程度的故意降低，将原来计划工作的部分时间用于休闲娱乐；或将原计划一周内看50篇文章的目标减少到20篇；或将计划完成任务所用的时间延长至原计划的一倍,迟缓完成任务等。此外,完美主义者还可以根据实际情况,从心理上主动放弃"第一""完美"的要求,主动把自己拉下"神坛",让自己紧绷的心松弛下来,充分地享受休闲放松带给自己的愉悦感。

打破"完美"后,完美主义者再去检验事情的结果:是否如预想的那样糟糕?当完美主义者适度地降低对自己的要求与期待后,成绩是否大幅下降,领导是否会不满意?自己在别人心目中真的跌落强者的"神坛"了吗?事实上,很多时候这些只是完美主义者的想象和没有依据的担忧。当放下"完美"的包袱,完美主义者内心会更加安宁,生活也会更加轻松。

第六章

你是广泛性焦虑症患者吗

广泛性焦虑症及其界定

　　34岁的李女士是一位公司职员,从事销售工作。她的工作表现一直都不错,受到了领导与同事们的认可。她还有一个5岁大的儿子,一家三口其乐融融。但是令她感到困扰的是,自己总是对生活中不同的事情充满了担忧,有时也知道是自己想多了,但还是控制不住地担忧。

　　最近几个月,由于工作任务加重,李女士变得更加繁忙,经常加班,她对此感到压力很大,身心俱疲。李女士时常为工作任务感到十分担忧,总担心自己无法完成,害怕一旦完不成任务就会面临失业。因为公司采取"淘汰制",员工竞争激烈,而领导又经常说"业绩是存活之道""队伍要精简,不养闲人"等激励员工的话。

　　她越想越害怕,一旦没了工作,就没了收入,到时候怎么养家呀?老人需要赡养、孩子需要抚养……没了工作,丈夫能养自己吗,会不会发生婚变呀?而且自己到了这个岁数,找工作也不好找吧?想到这里,李女士感觉心跳在加快,呼吸也变得急促了。后来,她的注意力变得很难集中,并且经常忘记事情。

　　一次,李女士把领导交代的事情忘了,当领导问起时她才突然

无惧焦虑

想起来,虽然没有造成太大的影响,但领导当时说了句:"哎呀,你怎么了?"领导的反应令李女士格外紧张,她心想:"完了,这下肯定完了!领导对我的表现极不满意,说不准什么时候就让我走人了。"

现在李女士只要一上班就特别紧张,内心十分排斥去上班,每天忧心忡忡的。她感觉领导不再信任自己,加上完不成的工作任务、随时失业的风险,一想到这些她就心烦意乱、焦躁难安,因此每天下班后她都疲惫不堪。

在这种状况下,李女士感觉自己做事不像以前那么积极了,对工作抵触、拖延,效率低下。她这种针对工作的紧张、焦躁和担忧的状态已经持续了大半年,不仅表现在情绪方面,李女士还时常头痛、胸闷,感觉面部以及肩膀的肌肉也紧绷绷的,偶尔还会失眠、多梦。然而她去医院做检查,又没查出原因,不过家人倒是反映她的脾气比以前大了——"一点就着"。

其实,李女士的担忧远不止工作上的事,家里的很多方面都令她担忧和紧张。由于工作需要,李女士经常出差,不能天天与丈夫、儿子在一起,这样儿子只能每天跟丈夫睡,但她总觉得男人大大咧咧、粗心大意的,担心丈夫会照顾不好儿子。所以她一旦出差,满心除了对他们的想念,还有无休止的担心与忧虑。最主要体现在对家人安全的担忧,比如担心家里晚上没锁好门,没关好煤气。虽然儿子每天上幼儿园都是由爷爷奶奶接送,但她总觉得上下班高峰期的路上车多,怕儿子会被车撞到。因此,出差时,李女士每天至少要往家里打两个电话,确认家人是安全的,并且每次都是千篇一律地叮嘱家人"要关好门窗和煤气""路上小心过往车辆",等等。

如果没人接电话,她就会变得非常紧张、焦躁不安,此时一幅幅可怕的画面浮现在脑海中,比如儿子被车撞了,家人煤气中毒了,家里失窃或者发生爆炸了……一想到这里,李女士就感觉整个人都要疯掉了,心慌,心悸,喘不上气,不敢再想下去了。这时她又不能立刻回家,所以只能不停地拨打家人的电话,找不到丈夫,便找儿子的爷爷奶奶,让他们过去看看,直至得到家人都安全的消息,她才能踏实下来。

而丈夫为此感到很烦,感觉她有点儿神经兮兮的,患得患失。这又让李女士感觉丈夫对自己很不耐烦,认为丈夫已经嫌弃自己了,想到自己经常出差,丈夫会因感到寂寞而在外面另结新欢……不仅如此,虽然现在儿子才5岁,但李女士总感觉他不是很好学,所以她也正在为儿子以后不能考上大学而担忧。

此外,她还经常担忧父母的健康。父母年事已高,身体状况不好,所以只要父母打来电话,她第一时间总是想到父母出事了,有时还会浮现出他们突然病故的画面。一想到父母年龄已经很大了,终有一天会离开自己,她心里特别不舒服,很担心那一天的到来……

总之,李女士每天都在为不同的事情担忧,这种状况已持续好多年了。

无惧焦虑

我们来看看李女士的成长环境。李女士生于一个知识分子家庭，妈妈是位老师，要强、上进，平时也爱操心。妈妈经常检查自己的不足之处，对李女士一直要求严格，批评、指责和敦促比较多。爸爸是个多思多虑的人，考虑问题周详，做事谨慎。李女士从小就好强，对自己要求也严格，成绩一直不错，中学时期还是班里的学习委员。

事实上，从中学时代她的焦虑就已显现：每次考试都担心考不好；怕考试失败后被老师和同学们笑话，怕他们会看不起自己，说自己学习不好；好不容易熬到了毕业，又担心升学的问题；上了大学后，她又开始担心就业、恋爱以及婚后生活等一系列的问题……然而，李女士与丈夫的关系一直是不错的，是大家羡慕的"甜蜜的三口之家"。

在这个案例中，李女士的担忧并不局限在某个单一事件上，她所担心的事情涉及生活的方方面面，包括工作、婚姻、孩子的安全与发展，以及父母的健康等，而且她担心的事情总是随着个人境遇的变化而变化。例如，工作中遇到了压力事件时，她便开始想象一系列可能发生的负面结果；出差看不到孩子时，她又开始担心孩子的安全等。

她所担忧的事情并不固定，似乎呈现出一种事事担忧的状态。虽然李女士有时能够意识到是自己多虑了，但这种担忧与焦虑仍难以控制。

她的焦虑不仅是情绪上的反应，还伴有头痛、胸闷、疲劳等躯体化症状。李女士的这些临床症状与表现都符合广泛性焦虑症的特征。

广泛性焦虑症又被称为慢性焦虑,我们一起来看一下广泛性焦虑症的诊断要点。依据美国最新的DSM-5诊断标准,针对广泛性焦虑症的诊断要点如下。

A. 过度地焦虑或担忧(常表现为预期焦虑)大量的事件或行为,至少持续6个月。

B. 个人发现自己很难掌控担忧的情绪。

C. 焦虑及担忧的状态至少具有以下6种症状表现中的3种:

① 持续性紧张、不安;

② 易产生疲惫感;

③ 注意力集中困难;

④ 易激惹(即反应过度,包括烦恼、急躁或愤怒);

⑤ 肌肉紧张;

⑥ 睡眠紊乱(如失眠、早醒或睡眠质量差等问题)。

D. 这些焦虑、担忧或躯体化症状会引发明显的临床痛苦,或造成工作、社交以及其他重要功能领域的损害。

当然,我们要对广泛性焦虑症进行诊断,还需要与其他类型的焦虑症以及其他近似的心理障碍进行鉴别诊断,在此不做详述。从这个标准可以看出,广泛性焦虑症是一种慢性的焦虑,达到诊断标准的病程时间至少需要半年。所以，不要一出现担忧、紧张等焦虑情绪，我们就认定自己得了焦虑症。

广泛性焦虑症具有以下特点：

广泛性焦虑症呈现出弥漫性及普遍性的特点，担忧焦虑的对象并不固定在某个单一事件上，这也是它与其他焦虑障碍不同的重要特点；

广泛性焦虑症在临床上表现为慢性且持久的紧张和担忧，而肌肉的紧张或紧绷感则是其常见的躯体化反应；

广泛性焦虑症患者的担忧更多聚焦在日常生活中的一些琐碎事情上，以家庭、人际关系以及自我效能感的担忧更为普遍；

广泛性焦虑症常有家族聚集性，女性的发病率是男性的2倍，且大多数发作于早年。

▷▷▷
广泛性焦虑症的心理成因

焦虑是在生理与心理的双重易感性作用下,因生活压力事件而产生的。其中,基因遗传性是其主要的生理性因素,而不可控感或不可预测性是其主要的心理易感性因素。

从生理性因素来看,上一节提到的李女士,其焦虑可以从她父母身上找到影子。她的母亲平时爱操心,这很可能本身就是焦虑担忧的表现;而她父亲也有这方面的特点,凡事喜欢多思多虑。同时,她母亲可能有完美主义的性格特征,不仅表现为自律,经常反省自己哪里做得不够好,还对女儿要求严格。这对于李女士追求完美个性的形成有很大的影响——基因与成长环境的共同作用造成了她当前的问题。

大量的研究表明,广泛性焦虑症患者对生活中与自己相关的威胁保持着高度的敏感。这种高度的敏感性可能源于我们之前提到的引起焦虑的主要心理因素,即世界是危险的、不可控的以及无法应对的。因此,他们对于潜在的威胁有着比常人更加敏锐的意识,经常会自动形成针对潜在威胁的负面想法;并且,对于令他们感到不适、害怕的情景,他们也是回避的。这使得他们没有机会从心理上真正地战胜内心的担忧与恐惧。

从心理因素来看，李女士对于不可控的事件——逐渐增多的工作任务存在明显的焦虑，这是一种因无法获得确定感、无法掌控结果而产生的担忧与烦躁。这种对不可控与不可预测事件的不可忍受性是广泛性焦虑症形成的重要原因。

广泛性焦虑症患者呈现出对不确定性或模糊的信息进行更为负面的或威胁性解读的趋势。对于他们而言，每遇到一种状况便很容易从负面角度进行解读，并很快想到可预见的负面甚至灾难结果，又在这种认知的支配下变得更加焦虑。例如，当飞机发生颠簸状况时，他们会很快想到飞机将要坠毁；当交通刚出现拥堵状况时，他们会马上想到自己上班要迟到。

对不可控事件缺乏忍受性是偏差性解读（如灾难化思维的认知偏差）的基础。不确定的程度越高，事情越重要，它所引发的焦虑程度也就越严重。也正是由于这样的特性，广泛性焦虑症患者需要更多的确定性信息来减少不确定性，以便做出决定。然而，这种犹豫不决又强化了其焦虑情绪。

可见，李女士正是在这种不可控感的心理机制的前提下，产生了一系列对所遇到事情的负面的偏差性解读。比如，面对工作任务的增加，她的自动化反应是无法完成；紧接着，她由此想到可能会被解雇，失业后她因经济困难而无法养家，又联想到可能发生的婚变等，产生了一系列的灾难化想法。

此外，李女士对自己在工作上的小差错——忘记了领导布置的任务反应强烈，进而强化了她的灾难化思维，即自己很有可能被解雇。这些引发她焦虑的想法在生活中不断发酵。

由于经常出差，李女士无法亲自照顾家人，这让她对家人的安全格外担忧，尤其是孩子的安全。当面对孩子现在是否安全、门窗和煤气是否关好等无法确定的状况时，她脑海里的各种假想的灾难情景便会随之出现。为了减少这种因无法掌控而带来的焦虑与担忧，李女士会不断地给家人打电话，以确定他们是安全的。

事实上，尽管李女士通过这种反复确认的行为可以获得对所担忧事件的确定感，让担忧的心情即刻平静下来，进而让焦虑消失，但是从长期来看，这种行为反而强化了焦虑与担忧。

对于假想的可能发生的灾难结果，李女士不但有灾难化想法，同时伴有灾难的画面。这种可怕的心理画面与影像对于恐惧感的产生有着极为直接的影响作用。然而李女士在面对这些假想中可怕的想法、画面时所采取的应对策略是回避。她不敢再继续想下去，因为已经出现的这些想法与画面就足以让她几近崩溃。

回避行为是广泛性焦虑症患者在面对所不期望的、害怕的情景时普遍采取的一种应对方式。我们曾讲过，回避那些令我们感到不适与恐惧的情境，或许是人类的天性，但回避也让我们丧失了战胜恐惧的机会，反而会使这种负面情绪更加严重，所以对于恐惧来说，回避即强化。

针对如何减少恐惧的"情绪处理理论"指出,恐惧感在两种情况下将会降低:

(1)完整且充分地暴露到所害怕或恐惧的事物或情境中;

(2)建立与过去的恐惧经历不相匹配的新的认知体验。

第一点正是先前我们所讲过的,回避恐惧即强化恐惧,因为我们丧失了战胜所恐惧的事物或情境的机会,而通过充分地暴露到所恐惧的事物或情境中,会让恐惧感逐步减轻,直到消失殆尽。

第二点可以作为第一点的延伸,当事人充分地暴露在所恐惧的事物或情境中后,恐惧感会逐步减轻,此时当事人也没有发生真实的或具有威胁性的糟糕后果,而先前引发恐惧的事物或情境同恐惧感之间的关联被打破,它们便不再能引发恐惧。这样一来,当事人对之前所恐惧的事物或情境已不再感到害怕,成功恢复了平静与安宁。那么,"该事物或情境是可战胜与征服的",这样一种新的认知观念将被建立,当事人的恐惧也因此会被成功消除。

认为"焦虑是有用的",也是引起广泛性焦虑症的主要心理因素。很多广泛性焦虑症患者,对于自己的焦虑情绪几乎可以用"爱恨交织"来形容。他们一方面希望摆脱焦虑的痛苦折磨,另一方面又觉得如果自己对所担忧的事情不再担忧时,就会真的出现灾难性的结果。

一部分焦虑者可能偏执地认为,灾难性的结果一直都没有发生,得益于自己对此持续性的担忧,即自己的担忧阻止了灾难结果的发生。虽然他们并不能说清楚其中的逻辑，但他们担心如果不保持焦虑就会招致灾祸。

另外一部分焦虑者认为，担忧可以体现自己的认真负责。比如某些孩子的妈妈会认为，自己对孩子的各种担忧，至少可以彰显自己是一位认真负责的妈妈。

此外，缺乏良好的问题解决能力也是形成广泛性焦虑的重要原因。比如，当工作任务分派下来时，李女士的第一反应是自己难以完成，她在这种消极暗示的支配下陷入了焦虑的情绪，将自我束缚于这种负面的情绪状态中难以自拔，却没有去思考"我该如何完成"。

事实上，一个人之所以会焦虑，有时是因为缺乏有效的问题解决方法与策略。这种现象在生活中并不少见，如一个人处在巨大的压力下时，经常借酒消愁或哭丧着脸，不愿搭理任何人，独自一个人发愁。这就与缺乏良好的问题解决能力相关。当面对重压时，我们需要做的不是沉浸在由此产生的焦虑或抑郁情绪中，而是应该更多地聚焦于如何解决问题、缓解或减轻压力。

综上所述，当事人在生理易感性（从遗传角度继承了紧张与担忧的个性）与心理易感性（形成于早年的敏感性，认为生活中的重要事情是具有潜在危险并且不可控的）的基础上，通过生活压力事件诱发了包括躯体化症状在内的焦虑和担忧。这时当事人试图去对抗这种焦虑和担忧，但以失败收场。他所采取的失败的应对方式，一方面导致他产生更为强烈的负面认知，比如灾难化想法；另一方面使他对令自己产生恐惧的事物或情境产生回避心理或做出回避行为，再加上缺乏解决问题的方法与策略，进而无法消除这种负面的反应，最终形成了广泛性焦虑症。

克服广泛性焦虑症

1. 担忧的觉察训练

生活中的每一件事似乎都能成为广泛性焦虑症患者焦虑的对象。这些令他们感到焦虑和担忧的事情让他们心绪烦乱,因此我们有必要先将这些引起焦虑和担忧的事件一一列出,再进行充分而理性的评估。

下面我们根据李女士的案例绘制一个表格,对她每天所担忧的事件进行记录。

▼ 每日担忧事件记录表
（以李女士为例）

担忧的时间	担忧的事件	情绪反应及等级（0—10）	自动化想法	焦虑的类型（真实/假想）
6月10日 11:00	工作任务下达	担忧、烦躁 7	无法完成	假想
6月12日 9:00	忘记领导安排的工作	恐惧、害怕 9	被解雇	假想
6月18日 20:00	家里无人接电话（出差在外）	恐惧、焦急 10	儿子出车祸了	假想

无惧焦虑

这个表格需要记录李女士担忧的时间、担忧的事件、情绪的反应及等级（0代表毫无情绪反应，10代表最高程度的负面情绪反应，如崩溃）、对担忧事件的自动化想法，以及焦虑的类型。关于焦虑的类型，我们需要辨别出是真实发生的事件，还是假想的状况。例如，因胃痛而感到烦躁，胃痛就是真实且已发生的状况；而如果因胃痛而担忧患了胃癌，则是假想却并未实际发生的状况。

焦虑和担忧的事件多指向未来，且并未真实发生，因此李女士所担忧的灾难后果多为假想的状况，但她却会沉浸在假想的灾难情景中，导致产生强烈的焦虑情绪。因此，区分所焦虑的情境是已发生的真实状况还是假想的后果，可以有效地将当事人拉回现实。

当事人坚持每天做这样的记录，可以帮自己快速地找到引发焦虑情绪背后的想法或评判，然后在此基础上进行自我认知校正。而且，当事人可以在一周后重新审视自己所担忧的事件，看看哪些真实地发生了，哪些并没有发生，便会惊奇地发现，自己的担忧只是一场虚惊。

此外，当事人还可以列出一个关于担忧的好处与坏处的清单。例如，好处是担忧可以帮助自己思考，坏处是担忧让自己终日心神不宁、焦躁难安，什么事都做不下去。这样，关于担忧的优缺点便一目了然，有助于增加当事人改变焦虑状况的动力。

2. 偏差认知的校正

基于对担忧事件的记录，我们可以了解自己所担忧的事件以及是什么样的想法引发了担忧，这种想法就是自动化想法。接下来我们可以针对引发担忧的想法进行自我挑战。在进行自我挑战时，我们可以分别列出支持与不支持该想法的证据、对所担忧的想法的相信程度、其他更为正向的可能性以及建立在其他可能性上的情绪结果。

以李女士的情况为例，具体请见下表。

▼ 自我认知挑战表
（以李女士为例）

自动化想法	支持的证据	不支持的证据	相信程度（%）	其他更为正向的可能性	正向可能性带来的情绪结果
工作任务无法完成	1.任务重，不知如何完成 2.宏观环境不好，任务无法完成	1.以往业绩好，每次都能完成任务 2.可以请求领导及团队的支持	80	有可能完成；即使完不成，影响应该也不大，因为以前其他人没完成时也没事	情绪放松；担忧减少
因忘记工作而被解雇	1.领导表现得不满意 2.公司采取"淘汰制"，表现不好可能会被解雇	1.工作表现一直被领导认可 2.忘记的工作并没有带来实质性的负面影响	50	不太可能被解雇；领导只是因这件事而不高兴	焦虑减少；恐惧消失
联系不上家人，想到儿子出车祸	只是担心害怕，没有证据	1.儿子长这么大从未出过大事 2.儿子外出时都有家人陪在身边	10	不会出事或出事概率低；暂时没联系上可能是家人没听见电话铃声	担忧和恐惧减少或消失；强迫思维减少

161

很多时候，我们之所以会感到担忧和恐惧，是因为我们并没有对所担心的事件进行充分而彻底的评估。广泛性焦虑症患者自身的高度敏感性与失控感，导致其对生活中的诸多事情都会自动化地聚焦在可能发生的负面结果上，而对于正面的可能性结果却视而不见，或者直接过滤掉。聚焦在负面结果上，自然会导致焦虑，但当他们理性地看待负面想法，即对自动化想法进行细化的评估时，他们便会发现，真实的情况可能并非他们想象的那样。

广泛性焦虑症患者可以先对自己的灾难化想法进行评估，标出它可能发生的概率，然后列出支持与否定这种想法的证据。事实上，在临床实践中，当我要求来访者列出支持他们负面想法的证据时，他们很多时候根本无法提供相应的证据，因为假想的灾难后果通常只是他们的一种习惯性的负性思维，而非理性思考。

不过，广泛性焦虑症患者即使能列出一些支持自己负面想法的原因，也不要紧张，可以进一步评估这些原因与所担心的负面结果的关联性，看看它们之间是否会形成必然的因果关系。比如，公司要求严格落实绩效考核与员工因忘记领导布置的工作而被开除，这个原因与这个负面结果之间的关联似乎并不是很紧密。

一方面，广泛性焦虑症患者只是由于本身的敏感性及不安全感等因素，才将一些小的差错无限放大。正常情况下，谁会因为一次小的疏忽或过失而全盘否定一个人的成绩呢？另一方面，对于不支持负面结果的证据，有时广泛性焦虑症患者也很难列出来，这时可以寻求他人的帮助，比如问问其他人对这件事的想法，看看是否能

第六章 你是广泛性焦虑症患者吗

从中找到不同的看法。

在评估完支持与否定负面想法的证据后，广泛性焦虑症患者可以再次评估一下自己所担心的结果可能发生的概率，看看有没有发生变化；如果担忧的程度下降了，他还可以体会一下对事件不同的看法和解读，以及对于不同方面的聚焦在如何影响他的情绪反应。

接下来，广泛性焦虑症患者可以尝试去挖掘和发现更多更为正向或恰当的可能结果。当他找到或聚焦在可能的正向结果后，焦虑的情绪也会随之减少。因为此时他的关注已从各种假想的灾难情境中脱离出来，转到更为积极正向的可能性中，情绪与感受自然就会随之好转。

同样地，对于广泛性焦虑症患者来说，他们发现其他正向的可能性也会十分困难。在这种情况下，除了前面所提到的寻求他人的帮助，他们甚至可以尝试编造出一些可能发生的正向的结果。事实上，尽管他们在当时可能认为那个编造出来的正向的结果是假的、不可能真的发生，但他们既然能够想出来，就说明这种可能性已进入他们的意识层面，并且从客观上来说它可能真的会发生。他们如果愿意尝试进一步列举出针对自己编造的正向结果的支持证据，或许便会惊奇地发现，他们正在慢慢地接受并坚定这种正向的想法。

3. 忍受不确定性

每个人或多或少地都对不确定性有些排斥，比如大考结束后迟迟没有结果，此时难免有些担忧。一个人越缺乏对不确定性的忍耐，就越容易产生"要是……会怎么样"的担忧。而这种趋势在广泛性焦虑症患者身上尤为突出。从某种程度上而言，他们是不确定性的"过敏者"，哪怕很小的不确定性，也会激起他们强烈的反应，并且在他们的头脑中闪现出各种可能发生的糟糕结果。对不确定性缺乏忍耐的特点，促进了焦虑的形成与发展。

针对引发焦虑的不确定性，我们有两种应对策略：增加确定性与忍受不确定性。

我们可以通过各种方式与手段来增加确定性。比如，针对李女士的工作任务，可以通过做计划、寻求帮助等多种方式来增加她完成任务的信心。再比如，当没有听清楚老师所讲的重点内容时，我们可以去询问；因身体不适而忧心忡忡时，我们可以去医院检查身体，以消除担忧；重要的工作任务完成后，我们可以通过检查来进行确认等。试图增加确定感，的确会对我们消除担忧与焦虑起到很大的作用。

然而，很多时候，面对悬而未决的事件我们是根本无法获得确定性的。例如，一个人无法预测自己何时会生病、是否会得大病、未来是否会失业以及是否会遭遇意外，等等。就像人们常说的："你永远不知道明天和意外哪个会先来。"这时，面对无法预测与掌控的未来，我们唯有学会忍受不确定性。

为了增加对不确定性的忍耐力，我们可以问问自己，自己为此可以做什么，然后积极地行动起来。例如，一个人即将参加一个重要的考试，但他无法预估考试将会考什么内容，这时他需要做的并不是通过往年的试题来排除今年不会考什么内容（试图增加确定感），而是进行全面的复习，为考试做好充分的准备。他通过刻苦的学习做到胸有成竹，虽然仍不知道会考什么内容（不可控的、无法预测的），但由于他自身水平的提高，当面对这种不确定性时，他的忍受程度已有很大的提升。

此外，我们需要意识到不确定性只是中性的状态，而非负面的结果。例如，一个人很担心自己在明天课堂上的提问环节中被老师问得答不出来，让自己陷入极端羞愧与窘迫的状态，但这只是他的灾难化想法，并非已发生的事实。

4. 解决实际问题

很多焦虑者在面对压力事件时，总是沉浸在负面情绪中，而不去积极地想办法解决当下的问题。置身于负面情绪中而不采取任何行动，将会使焦虑者陷入负性的"想法——情绪——行为"的恶性循环。就像李女士，面对工作任务时想到"无法完成"，她便会产生焦虑情绪，进而从行为上出现拖延，工作上变得十分被动，而这种消极、拖延的状态又会进一步地影响她的自我评价和情绪反应。

这种恶性循环的现象十分普遍，一个人会因某个压力事件而担忧，进而影响自己的情绪和行为，然后又因为自身当前的状况，如焦虑的情绪，被动、退缩或回避的行为等，陷入自责、内疚、自我攻击及自我否定，从而导致产生更为严重的情绪反应。所以，焦虑者如果积极地去解决引发焦虑的压力事件，那么自然会让焦虑情绪缓解或消失。

因此，李女士的思维需要从"无法完成"转变为"如何完成"，聚焦在"如何完成"的行动中，从"无法完成"的一系列负面关注和反应中脱离出来，从而缓解焦虑情绪。

焦虑者要想解决问题，先要找出影响情绪的事件和当前的主要问题。具体来说，他们应对需要解决的事件进行理性化的梳理，可以试着问自己这样一些问题："遇到的问题是什么？当前的状况如何？我的目标是什么？达到目标的阻碍是什么？当下可利用的资源有哪些？针对每个问题或困难的解决方案是什么？"当进行"头脑风暴"时，他们可以尽可能多地列出不同方面的解决方案，先不要着急评判解决方案是不是合适的或可行的，哪怕列出一些看起来很荒诞的策略与方法也没关系。

在解决问题的过程中，焦虑者还可以借鉴以往在处理类似事件时的经验与方法。正所谓"当局者迷"，他们可以站在第三人视角（即旁观者视角）来看待自己当前所遇到的问题。比如，如果此事发生在某个朋友身上，他们将会如何建议或帮助他呢？

5. 想象暴露训练

从长期来看，回避恐惧的事物或情境，反而会强化恐惧。因此，焦虑者将自己暴露在其害怕的事物前或情境中足够长的时间，并且不采取任何形式的逃避（安全行为），则会让恐惧感逐渐减弱，

第六章 你是广泛性焦虑症患者吗

导致焦虑和恐惧的负面认知也会随之改变。

焦虑者可以通过想象令自己感到最恐惧的灾难情境或画面来达到暴露的目的。例如，李女士可以想象自己失业后最害怕出现的境遇——被解雇后又被丈夫抛弃，一个人带着儿子生活，十分拮据和窘迫，还被周围的人嘲笑；对于在出差时担心儿子出车祸的想法，可以想象儿子真的出车祸了。

关于想象暴露，有几个需要注意的方面。

首先，想象暴露的素材应为焦虑者曾经真实想到的最糟糕的情境，并且是以前不敢去想象或极力回避的情境。要知道，能够引起焦虑或恐惧情绪的反应是有效暴露的前提条件。第一次进行练习时，焦虑者可能会因为情绪及心理反应的刺激性过强而极力排斥；但随着想象暴露次数的增多，恐惧及其他不适的反应也会逐渐减少，直到这种刺激不足以引起焦虑或恐惧反应为止。

其次，在暴露中焦虑者不应采取任何形式的回避，也就是安全行为。比如，李女士认为想象儿子出车祸的情景过于血腥恐怖，而替代性地想象成儿子只是被汽车剐蹭了一下，并无大碍。然而，在想象暴露中，这样的安全行为无法使焦虑者消除内心最深层的恐惧。

当然，这也不是绝对的。焦虑者如果实在无法承受想象暴露带来的痛苦，起初做出一定程度的安全行为也是可以的。实在过于恐惧时，焦虑者可以在训练前建立并强化一种意识：那只是想象中的情景而非现实，并不会带来真实的伤害。因为想象暴露训练需要焦虑者忍受内心的痛苦，所以焦虑者在训练前应先对它的作用及机制大致了解一下，以便增强自己进行训练的动力及信心。焦虑者要明白，想象暴露训练只是一种有效对抗焦虑与恐惧的行为干预手段，即通过想象将自己充分且彻底地暴露到所恐惧的情境中，然后随着时间的推移，焦虑或恐惧程度就会在反复的暴露中逐渐下降，直至消失。

最后，禁忌证者（如心脑血管疾病患者等）应避免唤起过于强烈和刺激的恐惧，以免发生危险。值得注意的是，由于想象暴露训练会带来强烈的情绪反应，所以最好在专业的治疗师指导下进行。

6. 正念

焦虑往往是对尚未发生事件可能出现的负面结果的担忧，常被视为一种指向未来的情绪反应。人们若沉浸在过去的负面经历中，就会将这种负面的经历与体验以预期性焦虑与担忧的形式带到未来。比如，一个人因为曾经一次当众发言被嘲笑的经历，从此埋下恐惧的种子，每次即将进行演讲时，过去的负面经历就可能会被激活，从而形成新的担忧与恐惧。

面对未知的未来，焦虑者有太多负面的假想，若想阻断焦虑，可以尽力将各种指向过去与未来的、引发焦虑的思绪拉回当下。焦虑的情绪慢慢地就会随之减少，内心也会恢复安宁与平静。

与此同时，焦虑者可以观察自己大脑中出现的各种想法，尽可能地以一个观察者或旁观者的视角，注视这些正在出现的想法，对于觉察到的想法，尽可能地不去做任何好与坏的评判与解读，只是默默地注视它们的存在，并且将其当作普通想法来看待——它们只是此刻你脑海中思维活动的表现，而非现实的反映。

焦虑者的想法之所以具有如此大的威力，能引爆焦虑，是因为焦虑者深陷于自己各种可怕的想法中无法自拔。焦虑者如果能够与这些想法保持距离，以第三人视角来观察它们，将它们视为没有实际意义的思维活动，那么这些想法的杀伤力将会锐减。

第七章 挑战终极焦虑

▷▷▷
惊恐障碍与广场恐惧症

你可曾思考过这几个问题：为什么草地上的蚂蚱多是绿色的？北极的雪兔、银狐是白色的？而变色龙的颜色为什么会随着环境的变化而变化呢？为什么自然界中的动物大多都居住在自己的巢穴里或藏在很隐蔽的地方睡觉？为什么在一马平川的平原动物们总是成群结队地活动？

你肯定已经猜到答案：这些动物都是为了更好地保护自己，减少被捕食的风险。我们试想一下：你正置身于大自然中的千里无人区，除了一眼望不到边的荒地、戈壁或草原，什么都没有，这时你的感受是什么？除了欣赏大自然的壮观，你是否会感到一丝恐惧？你是否会对这片空旷的环境变得警觉起来，时刻提防着毒蛇猛兽的出现或者其他可能的灾难？这时如果窜出一头猛兽，你该如何躲避或藏身？即使没有野兽，如果没有源源不断的食物供给，那你怎么走出这里？

想到这里，你可能开始感到恐慌，心跳在不断加快，呼吸也急促起来，胸口一阵阵地疼痛，全身都在颤抖，似乎眼前的一切都像场噩梦。你感觉到你的害怕在不断地蔓延、失控，你好像马上就要死了……你想赶快逃离这里，去一个捕猎者根本找不到你的深深的洞穴躲藏起来。在洞穴里，你走了很久很久，发现根本找不到出口，被困在了迷宫式的洞穴中。更可怕的是，点燃的火把正在慢慢地变弱……这使你马上想到氧气即将被耗尽。想到自己即将在这迷宫式的洞穴中窒息而死，恐慌的感觉再次袭来……好，我们赶快回到安全、舒适的现实中。

其实，上述两个情景可能是无数惊恐发作者的噩梦。从进化角度来看，这些场景往往关联着死亡，承载着远古祖先经历过的灾难，它们就像一个个烙印，刻在我们的遗传编码里，让我们承袭至今。它们或许正是惊恐发作者深层记忆中死亡恐惧的"原型"场景，分别意味着"因无处藏身被猎杀"与"在密闭空间因窒息死亡"。

一个人行走于广阔无垠的地带，没有遮挡，无处躲藏，很容易成为伺机而动的肉食动物的盘中餐。这也是动物们每当迁徙或穿过广阔的地带时，总要成千上万只同行以壮大气势的原因。相反，一个人在置身于一个封闭或狭小且拥挤的空间时，很容易引起对窒息死亡的恐惧，联想到这样的环境是缺氧的、不安全的，并试图快速逃离。

在现实生活中，有不少与上述"原型"场景相似的、典型的诱发恐慌感的情境，比如拥挤的公共汽车、地铁、电影院，密闭的电梯、飞机，空旷的开阔地带，隧道等。在这些情境中，当事人由于感受到威胁或预判其有"危险"，进而产生心跳加快、心慌或心悸、呼吸急促、胸痛、出汗、颤抖、皮肤麻木或刺痛甚至濒死感等一系列躯体症状,并且常误认为自己是心脏病发作或马上就要死了。这些躯体症状正是惊恐发作的典型表现。惊恐发作是最高程度的焦虑反应,甚至可以被称为"终极焦虑"。

美国心理学会定义"惊恐发作"为一种强烈的、间断发作的恐惧或不适感,并伴随上述各种躯体症状,同时也有对失控感或者发疯的恐惧。与慢性焦虑发作不同,惊恐发作是一种突如其来的强烈的害怕或敏锐的不适感,这种发作在10分钟内便可达到顶峰。由于焦虑反应非常强烈,当事人常伴有"濒死感""失控感",感觉自己将要死了或疯掉一样。

然而,惊恐发作并非一定会在某些特定的场合下才会发生,它有可能随时发生于任何地方,也就是说,上述那些特定的情境并非惊恐发作的必要条件。惊恐发作时过于强烈的症状反应,让惊恐障碍者对于这种反应本身会产生强烈的抵触与恐惧。一方面,由于这些症状让身体感到很不舒服,当事人担心它再次出现;另一方面,惊恐来袭时,会让当事人产生灾难化的想法,比如,当事人会认为心脏病突发将要死亡,或者认为情绪失控、丧失理智将要疯掉等。他们对于自身在惊恐发作时的状态常有着严重夸大的误判,因此产生对此极度的恐惧与恐慌感,并且担忧它会再次来袭。

对于惊恐发作、惊恐障碍、在特定场合下发生的惊恐以及不在特定场合发生的惊恐,我们该如何区分它们呢?

惊恐发作是惊恐障碍的核心症状表现,但并不是说具有惊恐发作的表现就一定是惊恐障碍,它们的关系就像焦虑情绪与焦虑症。

焦虑情绪人人都有，而焦虑症则是达到诊断标准的心理障碍。同样的道理，惊恐发作或许很多人都曾经历过，但他们并没有达到"症"的程度。

我们先更精准地了解一下惊恐发作的具体表现，依据美国DSM-5的诊断标准，惊恐发作的具体表现包括以下方面。

1. 心悸、心脏狂跳或心跳加速；
2. 流汗；
3. 发抖；
4. 呼吸急促；
5. 窒息感；
6. 胸痛或不适；
7. 恶心或胃不舒服；
8. 头晕目眩、摇摆或虚弱感；
9. 发冷或发热；
10. 感觉异常（刺痛或麻痹感）；
11. 现实解体（不真实感或人格解体，脱离自我感）；
12. 害怕失控或发疯；
13. 害怕死亡。

我们可以将上述13种症状表现称为惊恐发作的症状集。虽然它们是惊恐障碍的核心表现，但不是惊恐障碍所特有的表现，也可以出现在其他心理障碍中。比如，在广泛性焦虑症中，当担忧程度很高时，也有可能诱发惊恐发作，甚至在抑郁症中也有可能出现惊恐发作。但惊恐障碍中的惊恐发作是不可预期的、毫无征兆且突发性的。

这里需要特别注意的是，一些身体疾病也会导致与惊恐发作相似的症状，要特别小心。

首先，需要排除心脏病，如 MVP（二尖瓣膜下垂）等，MVP 所引发的躯体症状表现与惊恐发作非常相似。

其次，需要排除内分泌紊乱，如甲亢、更年期综合征等，还有哮喘、癫痫等疾病，都可能会引发类似的惊恐发作反应，但以甲亢反应最为常见。

因此，当怀疑惊恐发作时，当事人需要先去医院进行全面的体检，排除各种可能的身体疾病，以免贻误病情。

下面我们看看以惊恐发作为核心症状的惊恐障碍的一些诊断要点：

A. 重现的不可预期的惊恐发作，在几分钟之内急剧地爆发，且达到强烈害怕或不舒服的最高点，伴随出现至少 4 个上页所述惊恐发作的症状（可能在相当平静或焦虑的状态下突然发作）。

B. 一个月至少发生一次惊恐发作，并且至少具有以下一项表现：

① 持续担心会再次发生惊恐发作，或担心其后果（如失控、

心脏病发作或发疯);

② 与惊恐发作相关的明显适应不良行为的改变(回避惊恐发作的行为,如避免运动或去不熟悉的地方)。

我们从以上标准可以看出,惊恐障碍不但要具有上述惊恐发作的表现,还要有对惊恐发作的持续担忧以及相应的回避行为。要达到惊恐障碍的标准,一个人必须曾经经历过一次未预料到的、突发的惊恐发作,并且对于下次有可能的惊恐发作,以及对于惊恐发作所产生的严重后果具有相当的焦虑与恐惧。

对于身体状况的关注本身没有问题,但惊恐障碍者经常赋予惊恐发作以灾难性的后果,比如,"我将要死掉或发疯"。惊恐发作的一些常见症状,比如心慌、心跳加快、呼吸急促、晕眩等,几乎每个人都曾经历过,但绝大多数人并没有发展成为惊恐障碍的一个重要原因是,他们并没有对惊恐发作的症状进行灾难化的扭曲解读与再次来袭的预期,也没有过度地关注和回避。

然而,惊恐障碍者对于惊恐发作的症状表现具有持续性的恐惧,并且对此形成预期性的焦虑。惊恐障碍者对惊恐发作本身的恐惧,成为惊恐障碍的重要标志。由此也可以看出,惊恐障碍者对自身的感觉反应极为敏感,他们更多地向内进行自我的关注。

惊恐障碍和广场恐惧症的终生患病率约为3.5%,女性患病率是男性的2倍以上。出现这种情况的原因被认为是社会文化性的因素,因为社会文化更能接受女性的回避。广场恐惧症患者常常同时患有其他心理障碍，包括其他焦虑障碍、心境障碍、物质滥用以及人格障碍等。

另外，惊恐发作可能会与某些特定的情境绑定，也就是在这些特定的情境才会发生，并且形成对该场景的明显回避，这也是广场恐惧症的主要特征表现。但是，惊恐发作并不是都与特定的情境相关联，对惊恐发作症状本身的敏感与排斥，使得它的发作具有不可预料性，即不知在何时何地会发生。基于这个特性，上一版的美国DSM-4诊断标准将惊恐障碍分为伴有和不伴有广场恐惧症的惊恐障碍。

惊恐发作的发生大致有以下三种状况或类型。

1. 情境限定。即惊恐发作仅发生在某些特定的情境下，比如在飞机上、超市里，但是在其他情境下并不会发生。

2. 无法预估。你不知道下次的惊恐发作将在什么时候、什么地方发生，无法预料。

3. 情境倾向性。它介于上述两者之间，也就是说你曾在某地发生过惊恐发作，下次有可能还会在这个地方再次发生惊恐发作。例如，你上次在一家拥挤的超市里出现了惊恐发作，那么下次去该超市时还有可能发生，但不是绝对会发生。

我们看一下广场恐惧症的具体表现。依据最新的美国DSM-5的诊断标准，广场恐惧症的一些诊断要点如下。

A. 以下五种情景中，对至少两种感到明显的害怕或焦虑。

① 搭乘公共交通工具（如火车、轮船及飞机）；

② 在开阔地带（如停车场、广场）；

③ 在商店、剧院或电影院等封闭空间；

④ 排队或在拥挤的地方；

⑤ 单独待在家以外的情境。

B. 担心在这些情境中发生类似惊恐障碍状发作或能力丧失（如大小便失禁）的状况时，会很难逃脱或很难得到帮助。

C. 这些情境几乎都会引发害怕或焦虑。

D. 这些情境会引发回避，需要有人陪伴，需忍受明显的害怕或焦虑。

E. 害怕或焦虑的程度，与广场恐惧情境所带来的真正危险程度是不成比例的，并且与所处的社会文化环境不相符。

F. 这些害怕、焦虑或逃避至少持续6个月。

G. 此害怕、焦虑或回避已经引发临床上的显著困扰，或者造成工作、社交或其他重要功能领域的减损。

从以上标准中我们可以看出，广场恐惧症并不是从字面意思理解的对广场的恐惧，而是对A项中所述五种情境（如开阔空旷地带、封闭空间、拥挤环境等）的恐惧及回避。

惊恐障碍者常因在其所恐惧的情境中曾发生过惊恐发作，形成了对该场景的恐惧。例如，你在拥挤而嘈杂的集市中突然感到心跳加快、心慌气短，甚至产生了不真实感与窒息感，这时你的第一反应便是逃离这个令自己极端不适的环境。当你离开后，症状便会得到缓解。这时你对集市（经历过惊恐发作的情境）便可能会形成恐惧的情绪记忆。你下次再去集市时，上次惊恐发作的记忆就有可能被激活，进而形成回避。

此外，广场恐惧症很显著的一个特点是，广场恐惧症患者担心一旦惊恐发作后无法快速逃离现场，无法得到缓解或及时施救，从而招致难以预料的"灾难"后果。因此，很多广场恐惧症患者在去一个不熟悉的地方时，比如大型商厦、酒店等，总是先寻找出口的位置，这样他们才会感到安全，一旦惊恐发作，就可以迅速逃离。

如果他们所处的位置远离出口或不能让他们第一时间冲出去，他们宁愿不去该场所（回避）。所以很多广场恐惧症患者无法乘坐公共交通工具，比如地铁、火车、飞机等。因为在行驶过程中这些公共交通工具的车门始终处于关闭状态，无法随时打开，也就意味着一旦惊恐发作来袭，他们无法在第一时间快速逃离现场。

他们感知自己正处于"封闭"的空间，随时可能发生惊恐发作反应，却无法离开，这也是让他们感到更为恐怖的事情，甚至"封闭"的车厢本身就成为诱发惊恐发作的心理因素，也由此让他们形成了对公共交通工具强烈的回避。事实上，类似的"封闭"环境都有可能会引起广场恐惧症患者的回避，如电梯、狭小而密封的房间等。

此外，很多广场恐惧症患者对于独自远行、外出也感到强烈的恐惧并回避（这也是广场恐惧症诊断标准提到的所恐惧或焦虑的第五种情境）。这种恐惧并非来自对外部环境本身可能潜在危险的担忧，而仍是聚焦在针对可能的惊恐发作上的恐惧。

他们认为离开家或熟悉的地方（被视为安全的地方）到很远的陌生的环境，尤其像野外等地，将会有种心里自发的不安感。他们一旦发生惊恐发作，无法及时就医，或旁边无人照料，马上就会产生极强烈的不安感。在广场恐惧症患者眼中，这种状况相当于将自己置身于死地，如果不得已必须外出，则需要家人或值得信赖的人陪伴。他们往往会给自己设定一个"安全范围"，在安全范围内则感到安全无恙；如果超出心理所设定的安全区域，则会对惊恐发作产生强烈的预期焦虑。

在临床实践中，个别严重的广场恐惧症患者，甚至无法独自离开家超过几百米的范围，他们去任何稍微远的地方，都需要家人的陪伴。

那惊恐发作与广场恐惧症有什么关系呢？往往惊恐发作在先，广场恐惧症可以被视为对惊恐发作的厌恶性回避反应，与第一次发生惊恐发作反应的场所相关，并且在此场所下产生强烈的惊恐发作预期，从而形成对该场所的明显回避。相应地，惊恐障碍者在第一次惊恐发作后，更多的聚焦可能并不在产生惊恐发作的场所或情境，而是更多地关注对自身身体感觉与反应的高度警觉上。

下面我们通过一个案例进一步说明广场恐惧症的特点。

第七章 挑战终极焦虑

张女士有一个很大的困惑,就是长期无法乘坐地铁、火车、飞机等公共交通工具。她只要试图去乘坐这些公共交通工具,便马上感觉惊恐来袭。这个问题给她的生活带来了巨大的困扰。

事情的起因,要从两年前的一个早晨说起,张女士和往常一样乘坐地铁去上班。车厢里乘客太多了,很拥挤。加上当时车厢内又很闷热,张女士很快感觉身体有些不适,先是有些憋闷感,随之心跳很快、心慌,紧接着呼吸也变得急促起来,她当时非常害怕,不知道自己这是怎么了。后来症状变得越来越明显,直冒冷汗,她眼前见到的一切也变得有些失真,还感觉耳鸣、浑身发软无力。

当时一个可怕的念头涌上心头:"是不是突发心脏病了?"想到这里,她更加害怕,担心自己很快会猝死。这时的她紧张到了极点,几近崩溃,仿佛心都快蹦出来了,似乎马上就要死了。她当时唯一的念头就是冲出地铁,赶快去医院急救。可是车还没有到站,人又出不去,她几乎瘫倒在地。地铁到站后,她才感觉身体的症状缓解了一些。

后来,她去医院做了检查,排除了心脏病的可能,检查结果均是正常的,但自此她对地铁产生了明显的阴影。虽然后来她又尝试乘坐了一次地铁,但车门一关,她就慌了,感觉自己出不去了,马上特别紧张,当时惊恐发作的情景再现,那种感觉似乎马上又要出现了,她只坐了一站,就下车了,从此再也不敢乘坐地铁出行。

无惧焦虑

她不能坐地铁也就罢了，后来问题发展到不能乘坐所有的公共交通工具，包括公交车、火车以及飞机。因为它们都有一个共同的特点，就是在行驶过程中无法随时打开门。更糟糕的是，后来她也不敢独自去外地了，哪怕是相邻的城市，她都不敢去。因为感觉离家远了，她万一发生什么意外，比如突如其来的惊恐发作来临，人生地不熟的，连医院都不知道在哪里。

现在这些问题已经严重地影响她的正常社会功能，无法一个人出差、旅行，只能自己开车或打车上班。

张女士的惊恐发作显然与特定情境相关联，最初是发生在地铁里，后来症状泛化到回避所有的公共交通工具，这是典型的广场恐惧症，其形成的原因也很具代表性。下面我们结合张女士的例子，从心理学的角度，分析一下惊恐障碍及广场恐惧症形成的原因。

我们先来看看惊恐障碍的心理成因。

惊恐障碍、广场恐惧症同其他焦虑障碍一样，都以生理与心理的双重易感性作为形成的基础。比如，躯体症状的表现、唤起的紧张程度水平，以及在压力事件或应激源刺激条件下是否会以惊恐发作的形式表现出来，都会受生理易感性中遗传倾向的影响。它与不可控感的心理易感性协同作用，决定了一个人在压力源状态下的担忧与焦虑反应。

值得一提的是，惊恐障碍者（含广场恐惧症）对躯体症状或感觉极为关注,并视其为危险。它是形成惊恐障碍的特异性心理易感因素,属于长期习得的结果。例如,早年有家人心脏病发作时出现过类似惊恐发作的躯体症状,慢慢地使当事人形成"这些症状很危险"的想法,从而对这些躯体症状非常敏感,甚至达到草木皆兵的程度。

我们每个人都出现过像心率加快、心慌、胸闷气短、头晕等常见的躯体症状。在非躯体疾病的情况下,这些症状经常出现在长时间的疲劳工作、熬夜、生病初愈后,以及在拥挤、闷热的环境中。很多人的初次惊恐发作,常发生于这样的状况或环境中。

在正常情况下,偶尔且轻微的症状,并不会引起人们太多的关注与恐惧,但惊恐障碍者对自身的躯体症状非常敏感。这些症状会令他们对自身的状况产生灾难化的解读,比如"心脏病发作了""要死了",并且同时从情绪上感到紧张、担忧。在这种焦虑的情况下,惊恐障碍者会更加关注自身的躯体症状以及情绪状态,这时他们对于任何身体内在的反应都会变得警觉。

这种对身体内部的关注与聚焦,会让惊恐障碍者的注意力变得狭窄,所体会到的躯体症状更严重。这种现象就像我们在静坐或冥想时去感受心跳,可以感受到心脏强有力的跳动。但在平时,我们将关注聚焦在外界事物时,比如工作、学习上,就无法感受到心跳。

然而,当惊恐障碍者明显地感觉到这些躯体症状,但又很害怕它们的出现时,惊恐障碍者就会变得更加焦虑,逐渐陷入恐慌状态。但真正达到惊恐发作的程度，惊恐障碍者就会对这种明显的躯体症状进行灾难化解读，比如，感觉自己马上要死了，心脏病发作了，自己要疯了……尤其在初次惊恐发作时，惊恐障碍者并不清楚自己到底发生了什么情况。

就像张女士对于这些突如其来的躯体症状起初感到茫然一样，她不知自己怎么了，但在情绪与躯体症状的相互作用下，症状表现越发明显。这时，她如果再以偏差的灾难化想法解读自己当前明显的躯体症状反应，如"心脏病发作"，则瞬间就会触发惊恐发作。

试想，一个人如果真的突发心脏病，就很可能直接导致猝死，不恐慌才怪！但是像惊恐障碍者所认为的"就要死了""要发疯了""心脏病发作"等灾难化的想法，不过是虚假警报，并非真实的情况。可这种灾难化的解释与想法却是导致惊恐发作的最直接原因。

一个人如果在惊恐发作后得知这种强烈的躯体症状及恐慌不是由于身体出了问题所致，并且也不会产生严重后果，自此警报解除，也不再担忧这种躯体反应，那么就不会对惊恐发作形成预期性的焦虑，也不会回避它的出现，自然不会发展成惊恐障碍。

不幸的是，惊恐障碍者对自身出现的症状高度敏感，首次惊恐发作所带来的强烈刺激，使得他们在心理上形成对惊恐发作强烈的恐惧与回避，担忧它再次来袭，或者仍然担忧惊恐发作导致的可怕后果，如死亡、窒息或发疯等。回避即强化，越担心发生的，反而越会去关注。惊恐障碍者害怕惊恐发作,则会对细微的躯体反应变得更加敏感,甚至不断地扫描身体,寻找可能的危险信号。

事实上,这是一种预期性的焦虑——时刻提防着惊恐发作的再次来袭。但是结果适得其反,这反而使他们时刻关注、聚焦在即将可能来袭的惊恐发作上。高度的恐惧,使得惊恐障碍者对任何身体的不适感都会草木皆兵。惊恐障碍者一旦出现不适感,便会形成心理—情绪—躯体的交互作用,进而可能导致再次的惊恐发作,最终形成惊恐障碍。上述这些正是典型的惊恐障碍形成的心理过程。

害怕惊恐发作的再次出现及其后果,成为惊恐障碍重要的判断标准。我们可以将其称为"对自己恐惧的恐惧",它是惊恐障碍的一个核心特征。惊恐障碍者为了避免惊恐发作出现,极力回避一切可能诱发惊恐发作的行为,比如不敢跑步、运动等。

惊恐发作作为极端的焦虑状态本身,并不会带来危险性,但是由于其太过强烈的刺激反应,使惊恐障碍者赋予这些症状很多假想的灾难化的意义,并深陷其中。事实上,内心平静且不在意这种惊恐反应,它就不能伤及我们分毫。

就像在电视剧《西游记后传》中关于阿修罗界的"七伤路"桥段,它与惊恐发作中的预期性焦虑反应极为相似。"七伤路"本身没有任何来自外在的伤害,但最大的恐怖莫过于"心魔",人在七情中的所想所念之事,会在七伤路上瞬间转化为身临其境,让人陷入无比逼真的幻象。比如,人恐惧火,马上就会体验到烈火焚身；人担心洪水，就会瞬间置身于汪洋中：这一切都源于人们的心念。

惊恐发作亦是如此。本来躯体化反应并无大碍，但我们对它的扭曲解读及预期性的担忧，反而让幻象成真了。内心的恐惧，促使惊恐障碍者不断地想着念着"惊恐"，结果在"念力"的感召下，惊恐果然来袭。

我们再来看看广场恐惧症的心理成因。

当经历了一次惊恐发作后，惊恐障碍者会很自然地对引起惊恐发作的场所或情境产生深深的畏惧，形成强烈的情绪记忆。就像张女士，她逃离了几乎令她"濒死"的地铁，不适感显著降低。她从离开地铁的行为中获益，那么这种避免乘坐地铁的行为发生的概率就会变大（即回避行为）。

人们都有一种倾向，即"远离那些令我们感到不适的地方"。这种现象极为普遍！就像很多人都不愿去人多、拥挤且嘈杂的地方，比如人头攒动的集市、拥挤的公交车，因为这些环境会让我们感到压抑、憋闷，虽然不至于促使惊恐发作，但仍会让人感觉有些不舒服。

对于诱发惊恐发作的场所或情境会恐惧与排斥，对惊恐发作形成预期性焦虑，担忧它的再次发生，那么当惊恐障碍者再次进入曾经引发惊恐的场所或情境时，这种恐惧感就有可能被激活。这时就像打开了"潘多拉之盒"，一个念头油然而生，"我马上就会感觉不舒服的"。在这样的自我暗示下，惊恐障碍者将很快进入一种紧张焦虑状态，使"噩梦"再次上演。

为了回避强烈的痛苦感，惊恐障碍者仍会采取回避的方式来应对，因为他们已从上次惊恐发作时的逃离行为中获益。就像张女士一样，后来她又尝试坐地铁，但当时惊恐发作的情景再现，强烈的躯体不适感很快被唤醒，从而再次逃离地铁，使回避的行为又一次得到强化。这时惊恐反应很可能就会与惊恐发作的场景形成更为紧密的联结，即令张女士产生一种错觉，认为只要坐地铁便会发生惊恐反应。

其实，地铁与惊恐发作本身并没有必然的联系，二者之所以"结为连理"，在很大程度上只是源于那一次巧合（即第一次的发作）。但张女士会形成一种感知——避免乘坐地铁才是安全的（即回避行为），因为回避行为会给她一种安全感与掌控感。

惊恐障碍者太害怕惊恐发作再次来袭，因此极力地回避那些曾经令他们惊恐发作的情境或场所，选择了所谓的"安全之地"（回避惊恐发作的场所）。

在广场恐惧症中，回避行为的形式多种多样，例如，避免一个人远行，出门需要家人陪伴，不进入不能随时开门出去的公共交通工具等。回避这些场景的目的只有一个——避免焦虑感及惊恐发作！广场恐惧症患者所回避的情境或场所也成了他们无法踏足的"禁区"，广场恐惧症自此形成。

针对惊恐发作的回避有两种主要方式，对引发惊恐发作情境与场所的回避和对躯体内在惊恐感受的回避，这两种回避分别被称为广场恐惧症回避、内部感受性回避。前者指的是那些引发惊恐并且难以快速脱离的情境或场所，如公共交通工具、拥挤的集市等；而后者指的是为了回避惊恐发作给身体带来的强烈刺激与不适感，避免从事那些可能引发类似惊恐发作感觉的活动，比如运动、喝咖啡等。

回避已经成为惊恐障碍者应对不可预期的惊恐来袭的主要手段，但事实上它使惊恐发作一直维持与延续。

惊恐障碍及广场恐惧症的干预

通过了解惊恐障碍和广场恐惧症的成因以及发展过程，我们可以发现，很多扭曲的认知（想法）以及问题化的行为模式，对惊恐障碍及广场恐惧症的发生、发展以及维持起到了直接的负面作用。例如，对于惊恐发作表现的灾难化解读，以及行为上的明显回避，促使了问题的发生、延续及强化。这些心理、病理的因素也为这些问题的心理干预奠定了基础。

下面我们从认知与行为的角度，针对惊恐障碍和广场恐惧症的心理干预进行详细介绍。

1. 找到自己的逃避与安全行为

我们先要对自己惊恐发作的具体状况进行整体的梳理，包括可能引发惊恐发作反应的场所，以及在惊恐发作来临时大脑里所闪现的灾难想法，例如，"心脏病发作""我失控了，要发疯了""我马上要死了"等。然后，我们在此基础上进一步地发现，为了避免惊恐发作的发生所采取的一切"自我保护"行为（即安全行为），以及所回避的场景。

无惧焦虑

为了避免诱发惊恐发作，我们可能不敢进行剧烈的运动，如跑步、洗热水澡、出门需要家人陪伴或者必须随身带着治疗焦虑的药物，哪怕是个空瓶子，也会让我们感觉更安心。

除了这些内部感受性的回避，还存在广场恐惧性的回避（即回避引发惊恐的场所等），比如避免乘坐交通工具、回避进入看不到出口的隧道，以及拒绝进入人员密集的影院等。

选择回避的行为模式，看似保护我们免受惊恐发作的侵袭，让我们感到只要自己避免了这些可能的诱发因素，自己便是安全的，但事实上只会适得其反。

对惊恐发作的恐惧会令我们变得更加敏感，将更多的关注放到细微的身体感知及变化上，稍有一丝的"异样"，比如心跳加速，便如同惊弓之鸟。惊恐的症状可能会不断地泛化，回避的场所或情境也会越来越多，最后可能连家门都不敢出，社会功能受到极大的影响。因此，我们的目标便是打破这一切的回避，重回正常的生活。

2. 建立恐惧等级及系统脱敏

我们可以将恐惧的场景按照害怕等级程度从最低到最高依次排列，依据自己的害怕程度给每一个场景打分（从 0 分到 10 分，0 分代表完全不害怕，而 10 分代表最高程度的害怕），并且记录下自己在每一个场景可能发生的反应，比如憋闷、心慌、呼吸困难、发抖、心脏病发作、完全失控、发疯等。

下面以张女士为例，依据张女士的恐惧场景列出一张恐惧等级表（见下图）。

▼ 恐惧等级表

场景	主观不适度（0—10）	所担心的反应
（最不恐惧）乘坐较空的公交车	3	心跳加速、紧张
乘坐密闭电梯	5	心慌、呼吸急促、高度紧张
乘坐较空的地铁	7	心慌气短、头晕、不真实感
乘坐拥挤的地铁	9	心脏病发作、窒息感、大喊、失控
（最恐惧）进入看不到出口的长长的隧道	10	心会蹦出来、完全崩溃、濒死

我们在完成对恐惧场景的分级后，就可以开始下一步系统脱敏的想象暴露。我们先从引起恐惧程度最低的场景开始，想象自己正置身于该情境中，这时相应的躯体症状反应可能会被引发，如紧张感。我们感受这种反应，不要去排斥它，同时保持轻柔而缓慢的呼吸，直到这种紧张感明显下降或消失。我们再按照此方法进入下一个场景的训练，直至进入恐惧程度最高的场景。我们可以每天进行一次训练，直到想象最恐惧的场景也很难唤起焦虑或恐惧为止。

事实上，在进行任何脱敏或暴露等行为训练前，我们就应该清楚回避对惊恐障碍及广场恐惧症的维持与强化的直接负面影响，并且知道这些训练对于减少甚至消除"恐惧惊恐发作症状"的重要意义。这样我们才可能有意愿以及足够的动力，进行那些令我们感到并不舒服甚至痛苦的训练。

3. 修正灾难化的认知

人们对躯体化反应（如心慌气短、心跳加速等）扭曲的认知与判断，对形成惊恐发作且最终发展为惊恐障碍或广场恐惧症具有重要影响。人们对强烈的躯体症状的灾难化的解释，是造成惊恐发作的重要原因，如快速的心跳、心慌与呼吸憋闷感，会令惊恐障碍者很快想到心脏病发作并且马上将要死亡。因此，对于这些躯体化反应正确的认识，将有效地阻止焦虑或恐惧情绪的进一步强化，从而打破惊恐障碍的形成。

我们若想对强烈的躯体化反应保持平静的内心，先要增加确定感，减少不确定性带来的恐慌。例如，我们可以通过体检获知自己的心脏很健康，并没有导致猝死的可能性，从而增加内心的安全感。事实上，在临床实践中，有相当一部分的惊恐障碍者在得知自己的惊恐发作根本不可能导致死亡，并且身体也没有任何致死性的诱因后，就再也没有出现过惊恐发作。

惊恐障碍者除了需要针对心率加快、心慌、担忧猝死进行去灾难化的处理，还需要针对其他躯体化反应的担忧与恐惧进行客观、合理的解读。除了对猝死的恐惧，很多其他的惊恐障碍者还非常担心自己会失控或发疯，比如，他们会感觉到颤抖、不真实感或者担心自己会当众尖叫。这都是惊恐障碍者对躯体化反应的误读以及被他们所产生的想法吓倒的表现。

事实上,惊恐障碍及广场恐惧症并不会让人产生意识障碍,也没有诱发失控或发疯的病理机制,在整个惊恐发作过程中,惊恐障碍者始终都会保持清晰的意识以及对自己的掌控力。

事实上,我们在生活中出现类似惊恐发作的表现很常见。例如,我们在运动后心率加快、出大汗、呼吸急促,甚至感到胸闷;久坐后突然站立或早上起猛可能会眩晕、站立不稳等;当众演讲极度紧张时的发抖、潮热感、头脑空白或言语混乱,等等。我们并不会为此恐惧,因为我们认为它是在某种特定的刺激或行为后的正常反应。

当我们不以灾难化的想法来解读惊恐发作的反应,只是将其视为一种寻常的焦虑表现,并且不过度地关注、恐惧或排斥这些反应时,这种惊恐反应很快就会消失,不会产生更为深远的影响。因此,对惊恐发作所引发的各种躯体化反应,我们只要平静而理性地看待,就很难让其发展成惊恐障碍或广场恐惧症,甚至都难以形成强烈的惊恐发作。

4. 内感受性暴露训练

所谓内感受性暴露,就是指故意诱导出类似惊恐发作的症状与表现。无论是惊恐障碍,还是广场恐惧症,其核心特点都是对惊恐发作反应的强烈回避。那么,反其道而行之——直面惊恐发作的各种反应,则可以最直接、有效地改变惊恐障碍者对惊恐发作的恐惧，通过不断的训练让其慢慢适应这种感觉与反应，并且不再为此感到恐惧，那么也不会再对惊恐发作产生预期性焦虑，最终恢复正常人的状态。

下面是一个完整的诱发类似惊恐发作反应和表现的练习。

每一项练习都标注了需要坚持的时间，以及所产生的惊恐发作表现的类型。惊恐障碍者可以循序渐进地依次练习下面的每一项训练，也可以选择自己所具有的惊恐发作反应进行训练。比如，你的惊恐反应是心慌、心悸与窒息感，你就可以相应地选择会产生此类反应的训练项目。

我们在刚开始训练时，如果按照每项练习所要求的时间做实在困难，例如有难以承受的强烈反应，就可以适度地减少坚持的时间，从坚持 30 秒/项开始，逐步增加到所要求的时间长度。

具体训练项目如下：

- 慢慢摆动你的头，从一边到另一边，坚持 30 秒（产生眩晕或丢失方向感）；
- 将头置于双腿间 30 秒，然后快速抬起（头晕眼花、血上涌）；
- 迈上一阶台阶（或箱子等），然后立即下来，快速反复，感受你快速的心跳 1 分钟（心跳加速、呼吸短促）；
- 屏住呼吸 30 秒或 45 秒（产生胸部紧迫感与窒息感）；
- 拉紧身体的某个部位 1 分钟，不要引起疼痛感，比如拉紧你的胳膊、腿、肚子、背、肩膀、脸（产生肌肉紧绷感、无力感、发抖、摇晃感）；
- 在转椅上旋转1分钟，可以让别人推你旋转，也可以自己在原地快速转圈（产生头晕眼花或些许恶心感）；
- 过度换气1分钟，呼吸深而快，用力，做此练习时，坐下来（产生不真实感、呼吸急促、鸣响、眩晕、头疼）；
- 通过吸管呼吸1分钟，不允许任何空气通过你的鼻孔（产生有限的空气通过或窒息感）；
- 使劲盯住墙上的1个小圆点或盯住镜子里的你2分钟（产生不真实感）。

5. 真实暴露

当我们已经完成了上面所有的训练，从对惊恐发作认知上的调整，到想象暴露和内感性暴露后，我们就可以进入最后的阶段——真实暴露。我们可以按照想象暴露中的场景恐惧程度等级表，对恐惧的场景依次由低到高进行真实的暴露。

在对每一个我们所恐惧、回避的场景暴露中，我们可以在进入该场景后有意识地放慢自己的呼吸频率，均匀而缓慢地呼吸，同时感受我们此刻已出现的躯体反应及恐惧的情绪，不要试图去排斥它们，尽可能地避免做出安全行为，比如已鼓起勇气进入地铁，看到车门即将关上，又马上跑出去。但这不是绝对的！我们可以依照自己能承受的程度来进行暴露，如果实在难以承受强烈的惊恐发作反应，做出适度的安全行为也是完全可以的。

为了确保胜利地完成真实的暴露，即在恐惧的场景中待足够长的时间，让惊恐反应最终自行消退，惊恐障碍者应在训练前做好充足的思想准备，抱着"向死而生"的挑战性心态，并且不断地暗示自己——惊恐发作只是一种让人感觉不舒服的躯体反应，并不会带来实质性的伤害。这样做有助于提升坚持下去的动力与信念，提高完成真实暴露的成功率。

为了更顺利地完成暴露，惊恐障碍者还可以将一个恐惧的场景或状况再进行细分。比如，挑战乘坐地铁的真实暴露，惊恐障碍者可以按照系统脱敏的方式，将其分为几个难度依次递增的暴露：先进入地铁站，停留到无恐惧反应后，再进入第二步，进入地铁车厢，但只坚持一站就下车。惊恐障碍者经反复尝试并轻松应对后，再提升难度，如乘坐更多站，直到无任何恐惧反应为止。最后，惊恐障碍者进入终极挑战，选择感觉最困难的情景，在车厢里非常拥挤的状况下乘坐地铁，直到完全适应。自此惊恐障碍者就完全征服了对地铁的恐惧与回避，大功告成！

针对惊恐障碍与广场恐惧症的心理干预，其核心是对惊恐发作反应的接纳与适应，因此需要惊恐障碍者改变针对惊恐发作的灾难化想法，建立更为客观、理性的认知。从行为上，对于不同类型的回避都需要进行暴露训练，惊恐障碍者可以先通过系统脱敏的方式，对于恐惧且回避的场景或活动，依照恐惧的程度由低至高进行依次想象暴露，同时可进行诱发惊恐发作的内在感受性训练，最后进行真实暴露训练。

第八章 让心静下来

从传统文化中寻找干预策略

我们了解了焦虑及其成因,引起与维持焦虑情绪的思维与行为模式,以及几种焦虑症的心理干预方法。这些大多是从心理病理学角度的阐述,针对的大部分是焦虑的形成过程以及应对策略。

然而,对于绝大多数并没有明显焦虑困扰的人来说,有没有思考过这样的问题:如何让自己的内心变得更强大、平和?在日常生活中,即使遭遇诸般困顿与磨难,如何让自己仍然能从容面对,内心依然平和、安宁?

我们经常可以看到,不同的人在面对同一件压力事件时的反应大相径庭,有的人烦躁难安,有的人却泰然自若。造成这种差异的原因,有遗传性的因素,也有我们对于自己、他人以及外部世界的基本认知与态度,这就是我们经常说的底层逻辑。

有些人在早年形成一种信念——"世界是充满危险的",他们有着更多心理上的不可掌控感或失控感,而这种心理易感性又决定了他们在遇到压力事件时可能会对事物进行偏差甚至扭曲的解读。因此,洞悉并且了解事物的客观规律、运行法则等底层逻辑,对于弄清问题形成的深层原因，并且建立有针对性的干预策略，尤为重要。

我们可以通过中国古老的哲学思维"道、法、术"的不同层面更好地揭示这种关系。

所谓"道"，指的是事物的基本规律、运行的法则、价值观等底层逻辑。它是客观存在的，人们只能发现它、洞悉它，而非发明它。例如，太阳东升西落、事物发展盛极必衰、物极必反。而像"我是无能的""无法掌控是危险的"等核心信念，则是引发焦虑的"道"。

而"法"指的是方法、策略。比如，在心理治疗中的"认知行为治疗""精神分析"等，都是"法"的层面。

"术"则是指技艺、技法，具体的操作方法包含各种技能、思维与分析模型，比如各种疗法中的具体技术与方法。

"道"是指事物的本质层面，"法"是方法论层面，而"术"则为实操层面。"道"是本质规律、自然法则，它是客观存在的。而"法"与"术"则是人们遵循"道"的规律习得或发展出来的各种方法与策略。"道"统驭着"术"，是"术"的灵魂；而"术"是"道"的载体与具体操作，也是对"法"的应用；而"法"则是具体的法则与原理，是对"道"的展现。

我们之所以讨论"道、法、术"关系的问题，是因为在针对焦虑的心理干预中也需要"知其然"，并且"知其所以然"。我们若只知道具体的操作方法，却不知其背后的原理与机制，就很难真正全面且纵深地解决问题。因为我们对于方法的理解与应用很可能会不到位，或者由于方法与技巧本身就存在局限性，比如，一种有形的方法无法针对或适用于所有问题。

相反，我们如果对于事物的本质、内在的规律有着清晰的理解和深刻的认识，则可在此基础上发展出一系列属于自己的"法"与"术"，并且对于已有的"术"可以更为纯熟地运用，而且避免误入歧途，如很多焦虑者发展出来的回避策略。老子曰："有道无术，术尚可求也。有术无道，止于术。"庄子曾写道："以道驭术，术必成。离道之术，术必衰。"

中国的优秀传统文化博大精深，早在2000余年前的春秋时代，我们的先人圣哲就已经对天地万物亘古不变的事物本质、自然法则及其运行规律等有了广博、深刻的认知与总结。

当今世界，东西方文化相互交融、相互学习。我们从西方文化中看到了对于各种心理障碍更为精深且细化的研究、更为完善的系统化心理干预策略与方法；而西方也从我们的东方文化中借鉴并汲取了许多博大且深邃的辩证哲学思想、理念和方法，形成了他们的心理疗法，比如"接受与承诺治疗""正念认知疗法"等。

事实上，对于如何摆脱心理痛苦、静心、修心等方面，中国传统文化有许多独到且深邃的见解。我们可以从中找到很多帮助我们预防焦虑、获得内心平静的辩证的哲学思想或理念，它们从不同方面揭示了很多快乐与烦恼的本质、内心平静的法则、与人相处的智慧与哲学,等等。当我们对于这些思想或理念有了更为深刻的洞悉与彻悟后,内心自然会变得安宁与平和,我们也将远离焦虑与烦恼。

不执着，心自由

中国传统文化对于减少焦虑、恢复内心平静有什么启发性的思想或理念呢？

我们先从一则禅宗故事开始。话说一位老和尚带着他的徒弟小和尚去化缘。途中遇到一条河，河岸边站着的一位年轻姑娘也要过河，但试探了下河水的深度，她似乎不敢过河。老和尚问："姑娘，你是要过河吗，我背你过去？"姑娘示意她要过河，于是老和尚二话不说就背着姑娘过了河。小和尚在一旁看得目瞪口呆，心里暗暗地想："师父怎么能这样做，这可是犯了戒律啊！"但是他又不敢问师父。

小和尚心里一直犯嘀咕，认为师父这样做非常不妥！师徒俩继续走了30里后，小和尚终于忍不住了，问道："师父！你可是得道高僧啊。出家人都持戒，不能近女色。你怎么能背着女施主过河呢？"师父笑道："你看，我背她过河，过了河就放下了。你比我多背了她30里，到现在还没有放下。"

就像小和尚一样，或许我们每个人心中都有自己的"清规戒律"。这些规则或固有的观念，就像一双无形的大手，操控着我们的内心，制约着我们的行为，让原本率性纯真的自我渐行渐远。其实，生活中很多的焦虑与烦恼，就源于我们内心难以逾越的规则或执念。

多少女人选择不离婚，并不是因为她们觉得婚姻还有希望，而是迫于来自父母与周围人的压力与眼光。她们从小被灌输了一种观念，认为离婚是糟糕的，离了婚的女人是不好的、有问题的；自己一旦离婚是会被嘲笑甚至被嫌弃的。然而她们处在婚姻的桎梏中又十分痛苦。

很多成绩优秀的学生，每次考试都要求自己考进前三名，如果考不进前三名，则认为自己是差的。这也是一种执念。想象一下，再过30年，这些排名还有什么意义呢？

还有一些人，明知父母的要求是不合理的，但迫于传统的"孝道"，不敢违逆，自己就一直忍受着内心的挣扎与煎熬。

这些来自自己或别人所施加的规则，束缚着人们的内心。人们无法摆脱它们，就像丢失了灵魂一样生活着。

曾经的一位来访者小A，出生在农村，父母重男轻女，很少重视她。她很早就独自去了大城市闯荡，经过自己的努力，她的事业发展得很不错。但妈妈要求她每月必须把一半的工资寄回家，只为了供养弟弟。而弟弟已成年，身体健康、四肢健全。但他技校毕业后并没有找工作，每天待在家里打游戏，由妈妈、姐姐供养生活。

小A已经按妈妈的要求寄钱供养弟弟好几年了，可内心越来越烦躁，不愿意再供养好吃懒做的弟弟，但是如果违背妈妈的意愿，又担心被指为"不孝""白眼儿狼"……因为在她们当地，姐姐挣钱供养弟弟是很正常的事情。

她左右为难，一筹莫展，甚至都不敢接家里人打来的电话，每次被要求寄钱时都特别焦躁与气愤。或许，"孝顺"就是她心中的"清规戒律"。她如果拒绝了妈妈，就意味着背叛与不孝。但在这种道德绑架下，她反而不敢正视自己的内心。

后来，经过对"孝道"更为深入的探索，小A意识到妈妈这个要求的不合理性，觉察到孝道并不是盲从。更重要的是，小A领悟到，从弟弟个人发展的长远角度看，自己的行为反而是害了他。弟弟如果被"圈养"起来，慢慢地便会丧失融入社会、独立生活的能力，最终也会失去自我的价值感与自尊感。对于小A而言，正所谓"授人以鱼，不如授之以渔"。

小A慢慢放下了心中的执念，开始正视内心的想法，拒绝了妈妈的要求，守住了自己的边界，感觉轻松愉悦了许多。

很多时候，我们内心的冲突与痛苦源于我们的观念与态度。"离婚是丢人的""考进前三才算好的""妈妈的任何要求都要听从才算孝顺"等，都是我们所处的成长环境的规则。而这些规则很大程度上植根于我们所接触的社会文化。

就像行为主义的鼻祖、美国心理学家斯金纳所讲的"规则支配的行为"，每个人的行为都会无形中受到规则的支配。这种规则有不同的来源，如民族文化、地域文化、社会法规、家庭教育等方面。它像一双无形的手，支配着人们的行为、观念与活动。

然而，规则并不是绝对的，它在很大程度上是历史文化、社会与民族文化下的产物。在不同的历史时期，不同的社会与民族都有着不尽相同的规则。曾有记载，在理学盛行的宋朝，一位男性在接过一位妇人递来的东西时，不小心碰到了她的手，结果被妇人剁去双手，妇人却被判无罪。作为现代人，我们可能会认为不可思议，但在特定的历史时代背景下，它就是合理的。

"规则"以及在规则下产生的观念并非绝对的真理，它会随着时代的变迁不断演化。然而，这些引起人们内心焦虑与挣扎的规则有着很深的根，往往很难被察觉，却形成了我们理所当然的行为导航。比如，当你在以"我必须""我一定要""我一定不能""我不得不这样"等语句开头说话的时候，你很可能就已经陷入了自我所坚信不疑的规则中。

这时我们需要思考几个问题：

我必须这样做或不这样做的原因是什么？
促使我这样做或不这样做背后的观念是什么？
我是从何处获得的这种观点或想法？
它的合理与不合理性在哪里？
如果我不这样做又会如何？
事情是否真的像我想象的这样，还有其他的可能性吗？
不同地域的人会如何看待这个问题？
我内心真实的感受、体验或初心是什么？

这些自我思考与探索的问题，可以帮助我们对自我固化的规则进行全面的梳理，并且正视我们的内心。我们只有真正地放下执念，不执着于固化的观念或规则，才能获得内心真正的自由。

需要放下的执着，不仅仅是羁绊我们内心的那些固化的规则，也包括过多的欲望和一切执意要得到的东西。我们每天忙碌于日常的工作，埋没于繁杂的事务中，就像"驴拉磨"一样周而复始，永不停息，完成了一项任务，还有无数的任务在等待完成。我们在不断努力地向"前"，是否还记得当时的初心？在努力追寻的过程中又是否迷失了自我？

就像很多人为了过上更好的生活拼命地赚钱，但最终却不是让钱为自己服务，而是让自己变成了金钱的奴隶。一个人想要的东西越多时，也就意味着他尚未得到的东西越多，如果他对于所求又有着很强的执念，那么"求而不得"的焦虑与痛苦也就越强！而且，一个人若所求过多，必然导致精力分散，遇到的问题就会越多，结果往往适得其反——从"求而不得"的焦虑与烦躁转向一事无成的挫败与抑郁。

为自己的理想与目标去奋斗、拼搏是好事，我们可以为实现目标而积极努力地工作、脚踏实地地付出行动，但对于结果的执念与苛求虽可能会增强动力，但也一定会带来巨大的心理压力与焦虑，一旦期望落空，往往会受到毁灭性打击。因此，我们若保持"谋事在人，成事在天"的心态，内心就会平和许多。

不执着，便是学会放下。而我们要做到真正放下，"应无所住，而生其心"。它的大意是对于所存在的一切不执着,不存执念,不驻留于心中,这样便能心念流淌、内心自由。我们若能做到"无所住"又何来焦虑与烦恼?我想这也正是老和尚"本来无一物,何处惹尘埃"所达到的境界。

然而,我们要达到"应无所住"并不是件容易的事,可以尝试从以下几个方面着手去做:

1. 将视野放得更远、更广阔

我们总是执迷于眼前的事务,但如果我们将其放至更广阔的时空,则会有不同的感悟与发现,正所谓"不识庐山真面目,只缘身在此山中"。例如,我们把一次考试的失败放到整个的人生长河中,它就变得微不足道了;一次创业的失败,也只是当前的受挫,并不代表人生的失败。

2. 无物永驻

不同的人生,相同的归宿;所得终将失去,我们所拥有的一切必将随着生命的逝去而丧失。无论贫富、贵贱、成功或失败,一切终会"归零"。

从某种程度来讲,所有人的人生或许没有什么不同,所不同的只是各人的体验与感受罢了。从宇宙的视角来看,人们活着所追求的意义,也只是我们所认为、所赋予的意义。一切皆是流动的,无物永驻,我们的执着又从何而来呢?

3. 放下即获得

放下烦恼，得以清净；放下执着，得以平和；放下创伤，得以重生；放下失败，重整旗鼓；有所舍弃，方有所得。应无所住，方能不再执着。

我们若想处理焦虑与担忧，也不必过于拘泥于具体的方法与技巧，在基本的理念与规律下，可以寻求发展出更多符合自己的"术"。

道法自然

如果说"放得下"是一种人生态度,那么"想得通"就是一种人生智慧。我们要想获得智慧、快乐的人生,就要遵循自然规律,随遇而安,顺势而为,不可强求。道法自然是中国传统文化中重要的哲学思想。

"道法自然"囊括了天地间所有事物的基本属性,指天地万事万物遵循或效法着"自然而然"的规律,即遵循事物自身发展的规律。这里的"道"可理解为事物变化最基本的动力,"法"指的是遵循或效法,"自然"指的是"自然而然"。世间万物的发生、发展皆有其内在的规律、运行的法则。

顺应自然的规律则事半功倍,而破坏自然的规律则会反受其害。四季更迭,寒暑交替,人们会根据季节的冷暖变化而自动地增减衣服。同样,"日出而作,日落而息"也遵循着自然的规律。《黄帝内经》讲:"故智者之养生也,必顺四时而适寒暑,和喜怒而安居处,节阴阳而调刚柔,如是则避邪不至,长生久视。"意思是说:明智之人的养生方法,必定是顺应四季的时令,以适应气候的寒暑变化;不过于喜怒,能良好地适应周围的环境;节制阴阳的偏胜偏衰，并调和刚柔，使之相济。像这样，就能使病邪无从侵袭，从而延长生命，不易衰老。相反，昼伏夜出、过度劳累、压力巨大，是发生疾病甚至猝死的原因。

在"大禹治水"的故事中，除了大禹的奉献精神可歌可泣，大禹的治水方法也是伟大的革新与创举。他没有沿用父亲建起高高的堤坝抵御洪水的方法，因为咆哮的洪水轻易就能把堤坝冲垮，这是一种"堵"的策略。而大禹采用了"疏川导滞"的方法，就是将汹涌咆哮的黄河之水疏引至大海。这是变"堵"为"疏"的策略，因势利导，因地制宜，非常符合"道法自然"的宗旨。

"无为而无不为"是道法自然的另一种表述。这里的"无为"是指顺应自然而不妄为。道法自然是一种自然无为、顺应自然的状态，但它指的并不是不去作为或被动地顺应与等待，而是指不妄为、不妄加干涉、不强为。就像"大禹治水"，因势利导、顺势而为，事半功倍。

其实，"道法自然"给予我们很多启示，帮我们应对生活中的各种烦恼、困惑。很多家庭中都充满了焦虑、烦躁、担忧、暴怒与冲突。很多家长对孩子的管理或要求过于严苛，只要孩子停下来休息或娱乐一会儿，这些家长就会特别烦躁甚至愤怒，要求孩子马上去学习，并且不停地催促作业、复习、课外辅导等一切跟学习相关的事宜。这就是很多家长内心焦虑的表现，因为只有看到孩子一直在学习，心里才能感到踏实，仿佛这才是正常的状态。不幸的是，孩子仅有的一点儿学习兴趣，在家长不断的催促与指责中，正消失殆尽。

此外，很多学生到了青春期开始对异性产生兴趣，情窦初开，内心憧憬并渴望爱情，但这对很多家长而言如洪水猛兽。为了发现、防止以及杜绝孩子谈恋爱，一些家长不经孩子同意便检查孩子的书包、手机，翻看孩子的日记，并且限定孩子在几点前必须回家。在这样高压管控的家庭环境下，一些孩子对家长产生了极度的厌烦情绪，焦躁、易怒，并且只要在家里待着便情绪紧张、全身紧绷，非常不舒服。当这种忍耐超过他们可承受的限度时，他们便会与家长发生激烈的冲突或离家出走。

这时需要变"堵"为"疏"，家长应遵循孩子心理发展的规律与成长的天性，加以引导，才更有益于孩子的成长。养育孩子就像养花，养花不可不管，需要定期浇水，否则花就会旱死；相反，过度浇水，花就会涝死。我们在养花时，管理须适度，定时浇水，让花儿在阳光的沐浴下自由地生长。管理孩子亦是如此，适度是关键。

教育孩子也可采取"中庸"之道——在孩子成长道路上，家长通过引导与探索帮助孩子确立、把握人生的方向；制定规划与目标，并且辅助他们实现目标，实现自我的价值感；抓大放小，引导孩子健康成长，快乐地生活。

在学习方面，每个孩子都有求知欲、上进心与成就动机，都曾经在内心深处住着一个"不可一世的出色小孩"。不过，一部分孩子理想的自我在现实的不断催促、指责、打压与贬低中已慢慢消磨殆尽。很多孩子被要求每周 7 天几乎不间断地学习，过长时间的学习使他们的注意力、记忆力等状况明显下降，而且精神与身体的疲惫感倍增，效率降低，甚至开始烦躁。家长如果此时依然不断催促孩子去学习，就会让孩子的负面情绪反应与学习之间产生连接，让孩子对学习产生极强的厌烦与对立感。此刻他们需要的是休息和放松，而家长则应顺势而为。

对于很多家长而言，给予孩子更多自由的空间，让孩子做到劳逸结合，充分享受娱乐休闲所带来的快乐，这样带着好心情去学习，则可以事半功倍。家长如果因势利导，从孩子对所学知识的兴趣与乐趣出发，循循善诱，则会增加孩子的学习兴趣。相反，家长如果对孩子学习过度地干涉与限制，不停地唠叨、催促甚至指责，则会适得其反。

事实上，很多学生厌学、辍学、离家出走，以及与家长间的暴力冲突增多，都与家长过度的干涉、严苛的管制密不可分。

老子曰："其政闷闷，其民淳淳；其政察察，其民缺缺。"意思是：仁君政施宽厚，人民自然淳朴；政施苛察，人民则抱怨、狡黠，并且不满意。这也正是物极必反的道理。家长对于孩子过于严苛地管制、事事明察秋毫，干预过细，则往往事与愿违。

家长对待"早恋"问题亦是如此。很多家长对孩子的情感需求视而不见，或对与异性的交往严令禁止，这也是"堵"的策略。家长对孩子的管制越严格，就会使孩子的叛逆心理越盛，结果常常事与愿违。即使一些"早恋"被家长通过强制的方式扼杀，也难免让孩子心生怨气，对亲子关系造成负面的影响，自此很多孩子与家长貌合神离，不再愿意对家长说心里话。

其实，到了青春期，孩子对异性产生爱慕之情，渴望同异性有更多的接触，甚至建立亲密关系，这都是正常的心理。家长需要遵循孩子的心理发展规律，理解他们对爱情的渴望，像对待成年人一样，尊重他们的想法与感受。当孩子感觉自己的行为并没有遭到呵斥、指责或禁止，而是被家长理解、尊重，这时才有可能向你敞开心扉，大胆地表达他们的想法和困惑。当孩子与家长建立一种"同盟"或"知己"的关系，这时家长对孩子的引导、给出建设性的意见，以及对孩子所遇问题的分析，孩子才有可能听得进去，家长才有可能真正地帮助孩子。否则，任何与孩子的意愿相对立的说教、指责根本无济于事。

在心理咨询的工作中，我接触过不少创业公司的老板。他们非常勤奋，几乎夜以继日全年无休地工作，但同时每天都陷入深深的焦虑。他们对自己的高标准、严要求，也同样体现在对员工的要求上。

一些企业要求员工长时间加班，违背自然规律和人性，如果再缺乏经济上的补偿，"诗与远方"又在遥不可及的地方，总是靠"画饼充饥"，肯定难以走得长远。我个人认为，很多企业的成功源于顺势而为，抓住了时代的机遇，把握住了正确的方向，而非超负荷地运转。

正所谓："无为而尊者，天道也；有为而累者，人道也。"中国传统文化讲究"无为而治",无为而无不为,讲的就是要审时度势、顺势而为,不要过度地干预,从而避免做许多无用功,事半功倍。

庄子认为,一个人要活得快乐,没有忧愁与烦恼,就必须摆脱世俗的种种限制,回到"真我""本心"中来;如果带着种种的欲望去行事,也毕竟会"心为物累"。当我们放下了心中的"执念",并且领悟了"道法自然"的真谛时,内心就会变得平静,焦虑的情绪自然就会随之减少。

致虚极，守静笃

"致虚极，守静笃。万物并作，吾以观其复……"出自老子的《道德经》，意指让心灵虚空到极点，静谧到极致，安住于虚与静的笃定状态中。这样，万事万物并行发生时，"我"便能观察到它们在发展变化中循环往复的规律。这里的"虚"是虚无、空的意思，"虚"与"静"都是形容心灵空明而宁静，而"极"与"笃"都是极端、极点的意思。"致虚极"就是指让内心空到极致，没有一丝杂念，空明而澄澈。"守静笃"意为守住宁静、笃定的状态。

当内心处于虚寂与宁静的状态时，人们才有可能发现、觉察到事物的内在本质与运行规律。这种状态与焦虑正好形成鲜明的对比。然而，焦虑可视为一种躁、乱、杂的状态。人若处在焦虑的状态，往往杂念丛生、心绪烦乱、内心忧患、身体紧绷，而与之截然相反的"虚""静"状态，正是焦虑者们所期望达到的理想状态。事实上，《道德经》的哲学思想与提倡的理念也是修身养性、延年益寿的心法基石。

我们每天有成千上万的想法萦绕在脑海中，而绝大多数想法是中性的，转瞬即逝，并不会给我们留下深刻的印象。但是有一些负面的想法，比如，灾难化想法，由于会引起强烈的情绪反应，却让我们印象深刻。除了针对负面想法的认知校正，我们如果还能做到对这些想法不做"好"与"坏"的评判，将我们的关注聚焦在当下所做的事情上，那么由此产生的负面情绪就会得到很大的缓解。

此外，很多焦虑者有过这样的体验：大脑里充满各种各样的想法，多如牛毛的思绪仿佛要把大脑撑爆，挣脱不开、摆脱不掉，越去控制，反而越易被其吞噬，心绪也随之变得烦乱起来。因此，我们要达到"虚极静笃"的极佳状态，首先要学会平静地接纳自己的想法，再通过一些具体的方法逐步地减少自己如潮水般的思绪。

我们可以通过正念的训练方法做到念念归正念，再从正念到止念，直至无念。这是一个获得内心平静与安宁的修行路径，以及终极的努力目标和方向。当然，我们不太可能做到"无念"，即一念不生。这是一个理想化的终极境界，不要执意去追求。但是当大脑中的想法变得越来越少，内心也会慢慢体验到"虚极静笃"的绝佳境地。

我们可以先从一些"正念"的理念与方法入手。"正念"最早源于禅宗佛教，后来美国心理学家卡巴金博士将其与心理治疗相融合，发展出一套系统化的心理疗法。卡巴金博士将"正念"定义为用特殊的方式集中注意力，有意识地、不予评判地专注于当下。按照他的解释，"正念"是一种有意识、有目的地对当下的觉察与关注，但对于当下所觉察到的一切，比如，观念、想法、情绪、意象等，不做好与坏的评判、分析或思考，而只是单纯地观察并觉知它们。我们一起来看看"正念"中有利于改善焦虑的理念。

1. 非评判

人们常依照自己的好恶对事物进行好或坏的评判，然而，这种评判直接影响着情绪。很多时候，事物本身只是客观的存在，无所谓好与坏，我们的主观评判以及赋予它的意义，决定了我们相应的反应。比如，认为"我无法完成这个任务""这本书对我是有帮助或无用的""这个人很坏"，等等。

我们每天都会对一些事或人做出评价，但是当评价趋于负面时，则会引发负面的情绪反应。比如，乘坐飞机遇到颠簸时，你对"飞机颠簸"的评判就决定着相应的情绪反应。一些出现惊恐反应的人会有类似"飞机要出事儿"的想法或评判；而对飞机颠簸毫无情绪反应的人，则只是意识到了颠簸，不会对此解读或评判。再比如，很多焦虑者感受到自己的焦虑时，又会因为焦虑情绪本身而感到焦虑与担忧，因为他们评估焦虑本身就是不正常的状态。因此，我们要想获得平和的心境，可以尝试觉察自己的各种评判，最终慢慢减少对事物或状态的评判。

简单地讲，我们可以从两个方面对"非评判"进行分析。

第一，我们可以对自己的情绪、思维、行为以及与自己与外界的互动等方面有意识地觉察，只是以接纳的心态默默地关注此刻正在发生的一切，不做任何好或坏的评判。

比如，关于"飞机的颠簸"，你可以尝试去关注、体会这种颠簸的状态，以及它给你带来的感受，而非关注你在此状态下的判断、分析、推理等一切思维层面的内容，要以不加评判的状态，关注正在发生的一切以及你的反应。

再比如，当你有焦虑情绪的时候，你也只是以全然接纳并充满好奇的心态，体会自己此刻的焦虑的感觉，但对此不做任何好或坏的评价。你就像一位观察者，关注着正发生在自己身上的焦虑体验，并体会这种感觉，但不对它进行任何判断与处理，任凭这种情绪感受自然地来、自然地消失。

面对其他的事情亦是如此。比如，你今天被领导批评了，你可以只是关注这件事情本身。它只是发生的一个事件，你不要赋予它任何背后的含义及影响，因为所赋予的可能都是你的主观推断。

第二，"非评判"并不是让我们对人或事物不做任何评判。事实上，我们每天都生活在评判之中，也不可能完全地摆脱各种评判。因此，我们需要同样地觉察并关注我们的这些评判，却又不能陷入我们的主观评判，以防为其所累。例如，飞机颠簸只是一种状态，但是我们觉察到自己强烈的恐慌反应，因为想到了"飞机会掉下来"，我们已经对此状态产生了评判，它是我们真实存在的想法。这时我们只需要觉察并关注这个想法本身，而不对这个想法（评判）进行进一步的思维层面的解读，比如"飞机马上就要坠毁""我就要死了"，等等。那么，后面一连串的灾难想法以及恐惧的情绪，自然也就很难发生了。所谓"无念之念，谓之正念；念起即觉，觉之即无"[1]，必须说明的是，这种"非评价"的正念练习，需要经过较长时间的训练方可达成目标，并非朝夕之功。

2. 此时此刻

很多时候，焦虑是针对还没有发生的事情的担忧，它是一种指向未来的情绪。比如，担心即将到来的面试或演讲，领导或其他人将如何评价自己，担忧自己的健康状况等。即使是即时发作的惊恐反应，人们也在恐惧与担忧即将到来的灾难结果。人们聚焦在未来可能或根本不可能发生的负面的结果上，却真实地影响着当下的情绪。

有一个禅宗故事：一位古代的武士，被敌人逮捕后关进了监狱。他吃不下饭、睡不着觉，每天处于极度的恐惧中，不知敌人将会怎样对待他。他担心敌人会折磨他、凌辱他，甚至会杀了他。"不知自己将会以什么方式被处决？"想到这里，他几乎精神崩溃。就这样，一连好几天他都在惶恐中度过。

有一天，他的师父来探望他，只说了一句话，就让惶恐的武士平静下来，可以安心吃饭、睡觉了。师父说："你所想象的明天都是虚幻的，唯一真实的只有当下。"是的，至少在当下他可以好好地活着，至于未来，那是明天的事。事实上，谁能做到预测甚至掌控未来的一切呢？我们只有活好当下的每一天、每一刻。

---

[1] 萧天石. 道家养生学概要[M]. 北京：华夏出版社，2007：165.

很多人之所以焦虑，是因为正处在此时此刻的当下，但是又不能安于当下，聚焦在对未来的各种各样的担忧及假想中。他们的心似乎总是期待着未来好或坏的结果。比如，有些人着急上班，总期望着车能快点儿到站；大考后，焦急地盼望着快点儿出成绩；生病后，进行医学检查，极其焦虑地等待着结果；计划一次盼望已久的旅行，迫不及待地希望那天赶快到来，而在旅行中又不断地盘算着还有几天就要回去上班。他们不断地关注着未来还没有发生的事，在焦急的等待中度过。

不知大家是否有过这样的感受：当我们期盼许久的目标达成时，我们会很开心，但高兴不了几天，便会归于平静，并且着手设定下一个目标，又开始新的期待。

聚焦未来，当下我们便会焦躁而匆忙；安于当下，我们才能过好当前的每一刻。过去已然过去，未来无法掌控，我们唯有过好每一个当下，才能拥有美好的未来。因此，对于焦虑者而言，他们需要将自己对未来的关注、聚焦拉回当下。

3. 止念

焦虑者往往杂念丛生、思绪如潮。正念在我们自身与我们的想法、情绪等方面之间拉开了距离，以观察者的视角觉察并感受着正在发生的一切，但并不去控制它们；而止念则直接减少、止住我们大脑中的想法，从而获得心静的状态。我们要想心静，先须去除杂念，所谓"一念不生，寂然不动"。

无惧焦虑

你有过这样的体验吗？当一个人静静地坐在公园的长椅上时，在和煦的阳光照耀下，你欣赏着眼前"高山流水，花团锦簇"的美景，此时此刻，时间仿佛都凝固了，大脑空空，没有任何的思绪，心中莫名地升起淡淡的欣喜。当我们内心一片虚无，没有一丝杂念，焦虑与烦躁的情绪也会灰飞烟灭。我们如果能时常处于"万念不生"的状态，内心自然会感受到安宁。

那么，如何才能减少自己的杂念，慢慢地让内心更加平静呢？

首先，须将我们的注意力与意念从外部世界转移至身体内。在日常生活中，人们的注意力与精力是投向外部世界的，比如，每天与其他人的交流互动、处理日常工作事务以及思考各种遇到的问题等。在快节奏的社会生活中，人们烦心琐事多、压力大、精神耗损严重。因此，现代社会物质条件更好了，但处于亚健康的人反而越来越多。

繁杂的社会事务、无休止的烦心事、过多的欲望是万念纷纭的源头。《庄子·在宥》篇记载了黄帝问道广成子的故事。黄帝问广成子何为长生之道，广成子答道："……无视无听，抱神以静，形将自正。必静必清，无劳汝形，无摇汝精，乃可以长生。目无所见，耳无所闻，心无所知，汝神将守形，形乃长生。"其大意是：闭目养神，耳根清净；心定神怡，人自然得正。人一定要保持心静，不要使身形疲累劳苦，不要使精神动荡恍惚，这样就可以长生。耳不闻，目不见，心不知，所以无事入心，这样你的精神定能持守你的形体，形体也就得以长生。

广成子所说的"无视无听"并不是让我们什么也不看,什么也不听,而是认为用眼过度、聒噪过久便会耗损精力,使人疲惫。而"目无所见,耳无所闻"也是相似的意思,并不是不看不听,而是视而不见、充耳不闻,心中自然无所驻留。因此,广成子的这段话表达了要获得内心的安宁与长生,就不要将精力过度外弛与耗损,而应向内收敛并且做到精神内守的道理。

要做到精神内守,我们可以将自身的精力、关注由外向内收敛,将意念聚焦于身体某些重要气穴,比如脐下丹田,即意守丹田。我们在观想时可盘坐或平坐,身体正直,全身放松,双目微闭并凝注于下丹田区域;亦可在入静后,意想丹田有一颗火红的太阳散发光芒,温煦照耀着你的五脏六腑,四肢百骸,此时意念不可过重,绵绵若存,若有若无。这样做可以帮助我们将纷纭的杂念通过有意识的向内观想、聚焦于一个点或区域,逐步使意念聚焦、内心平和。当然,我们也可以观想其他穴位,比如意守上丹田、中丹田及命门等。我们在观想时需全身放松,可采用自然呼吸,呼吸时应尽量做到"细、长、深、匀",缓慢而柔长。我们在练习初期一定会有许多杂念冒出来,这时不必去理会这些念头或想法,意识到走神了或想到了其他事情时,只需将意念与关注再次拉回下丹田部位继续观想即可。我们如果再出现分心走神的情况,就重复上述步骤。就像听课走神时你不会去分析自己为何会走神,或者检讨自己的走神情况,而只是在意识到走神后再次将注意力拉回听课状态,即"念起即觉,觉之即无"。

其次，我们从心态的角度谈谈如何远离焦虑、构建平和的心境。

大家可能都有过这样的经历与感受：当你被工作与生活中的琐事烦扰、被压得无法喘息时，你特别希望走进大自然的田园林间、河岳山川，在一片寂静而安宁的自然环境中欣赏美景，忘却尘世的繁乱与喧嚣，心中没有一丝牵挂。这是一种返璞归真、虚无自然的状态。这里的"虚无"指的是心中无所挂碍，心理上、精神上获得了最大的自由。我们如果可以做到内心没有羁绊与束缚、自然且纯朴，没有过多的欲念，焦虑与烦恼自然就会烟消云散。

纵观人一生的发展，它是一个从无到有、由简入繁的过程。然而，静心与修心则是由繁入简的过程。正像老子所说："为学日益，为道日损。损之又损，以至于无为。无为而无不为。"他的意思是，探求知识，每天需要增加；而体悟事物本质与规律，每天要减少。减之又减，才可以做到不妄为，不妄为也就没什么事情做不成。不断积累知识、经验、技能等，就可以让见识广博而深邃；但同时需要减少摒弃贪欲、妄念、偏执等负面的特质，便可明心见性，提升精神境界，这又是做减法的过程。

想一想，我们儿时是多么天真无邪，欢乐开心，没有忧愁与烦恼。正所谓："专气致柔，能婴儿乎？"婴儿吃、喝、睡一切行为举动都顺乎自然、发自内心，所以他们的气息平稳、柔和，没有担忧与焦虑。而庄子也认为一个人要想真正快乐、无忧无虑地生活，就需要从种种世俗的禁锢与限制中脱离出来，寻找真实的自我，回归"真我"本色,做自己的主人。

我们生活在世间,保持纯洁朴实的本性,减少私欲与杂念,回归本心,掌握人生的主动权,回到如孩童时代般天真无邪、无拘无束的"虚无"状态——这正是"见素抱朴,少私寡欲"所倡导的状态。此时,焦虑与烦恼自然会远去,我们慢慢地便能体会到"虚极静笃"的绝妙心境。

图书在版编目（CIP）数据

无惧焦虑 / 瞿洋著. —成都：天地出版社，2023.9
ISBN 978-7-5455-7715-0

Ⅰ.①无… Ⅱ.①瞿… Ⅲ.①焦虑—心理调节—通俗读物 Ⅳ.①B842.6-49

中国国家版本馆CIP数据核字（2023）第062080号

WU JU JIAOLÜ
无惧焦虑

出 品 人	杨 政
作 者	瞿 洋
责任编辑	孟令爽
责任校对	张月静
封面设计	金牍文化·车球
内文排版	麦莫瑞
责任印制	王学锋

出版发行	天地出版社
	（成都市锦江区三色路238号 邮政编码：610023）
	（北京市方庄芳群园3区3号 邮政编码：100078）
网　　址	http://www.tiandiph.com
电子邮箱	tianditg@163.com
经　　销	新华文轩出版传媒股份有限公司

印 刷	玖龙（天津）印刷有限公司
版 次	2023年9月第1版
印 次	2023年9月第1次印刷
开 本	880mm×1230mm 1/32
印 张	7.5
字 数	203千字
定 价	59.80元
书 号	ISBN 978-7-5455-7715-0

版权所有◆违者必究
咨询电话：（028）86361282（总编室）
购书热线：（010）67693207（营销中心）

如有印装错误，请与本社联系调换。

从此，我再也不焦虑了

局外人、读者的视角关注着主人公跌宕起伏的经历,而这些经历并非自己正在亲身经历的,类似于"笑看花开花落,淡看云卷云舒"的状态与心境。

(3)当我们为出现的某些想法而感到焦虑、害怕并陷入其中难以自拔时,可以暗示或告诉自己这只是我们的思维、想法,而非事实。尝试以旁观者的视角关注着这些想法。

(4)以上所述的三步可以作为独立的练习来进行。当然我们还可以在此基础上将出现在我们脑海中的想法按时间阶段进行分类,即分为指向"过去""当前""未来"的想法。例如,"想到自己明天面试时会紧张得头脑一片空白"是指向未来的想法,而"昨天领导表示自己写的报告还有不少问题"则是指向过去的想法。我们知道焦虑是一种指向未来的情绪。这时我们需要做的是只关注那些"此时此刻""当下"的想法,而当意识到引发我们焦虑的想法是指向"过去"与"未来"时,则需要停止这些思维,不让自己再继续想下去,与此同时,将关注拉回"当下""此刻"。

通过这样反复地训练,那些指向未来、引发焦虑的想法将会越来越少,而关注在当下的正念想法则会越来越多。

(5)每次可训练10分钟左右,依据个人情况适当增减。

（5）可以进行10分钟左右的正念呼吸，也可以依据个人实际状况适当延长或缩减时间。

4. 观察者练习

观察者练习可以帮助我们觉察自己的想法，让我们与我们的思绪之间拉开距离，以观察者的视角看待正出现在自己脑海中的想法，而又不深陷于这些想法，这样可以有效地降低甚至避免这些想法对我们的情绪产生影响。

操作步骤：

（1）将注意力从对外部世界的关注转移到自己内在的思维上，就像一个观察者关注着此刻出现在我们脑海中的一切想法一样。不要让自己刻意地去想什么或不去想什么，一切秉承着顺其自然的原则，让一切思绪在头脑中自然地来、自然地去。不要对思想的内容做任何评判、分析，只是默默地注视着它的出现，以一种开放的、好奇的、全然接纳的心态观察我们的想法。

（2）尝试以第三人视角观察你的这些想法。尝试在我们自己与我们的想法之间拉开距离，以一个旁观者的视角看待出现在脑海中的这些想法。这种感觉就像我们正在读一本小说，以势，保持全身舒适而放松即可。双目可微闭，注意采取坐姿时上身保持正直，但不要用力挺胸，保持放松。

（2）呼吸可采用自然呼吸，不必用力或刻意延长呼吸时间，一切顺其自然就好。但尽量做到缓慢而柔和，这样有利于心绪平静。做几分钟的自然呼吸，待心绪平静下来后，可有意识地将关注聚焦于身体的某一部分，体会呼吸时身体的感觉与反应，比如集中于呼吸时空气通过鼻孔或胸腹起伏的感觉。

（3）将关注聚焦在鼻孔或胸腹部，体会在呼吸时它们的细微变化。

比如，将注意力集中于鼻孔，体会在呼吸时空气经过鼻孔的感觉，并分别感受在吸与呼时空气经过鼻孔时温度的差异。

亦可将关注集中于腹部，感受腹部随呼吸产生的细微的起伏变化。将注意力完全集中在这种起伏变化上，默默地关注着、感受着而不做任何评判。

（4）在练习的过程中，我们的注意力很可能会无数次地游离，游走到其他地方。没关系，我们需要做的只是将自己的注意力简单地拉回，继续感受呼吸即可，无须自责，也不要剖析原因或有任何的评判。这时，我们唯一需要做的就是当意识到走神了，马上将注意力拉回呼吸上。就像我们上课听讲走神时，马上将注意力重新拉回课堂听讲即可。

在天上自由地飞翔，我们聆听着海浪拍打沙滩的声音、海鸥的叫声……感受着一切让我们感到舒适放松、美好自然的事物。第二步，我们可以想象自己正仰卧在沙滩上望着蔚蓝的天空，煦暖的阳光照在身上，温暖而舒适，仿佛每一寸肌肤、每一个细胞都得到了阳光的呵护与滋养。我们此时感受着自己躺在沙滩上无比舒适和放松的时刻，全身的重量由大地所承载，每块肌肉、每根神经都处于高度松弛的状态。在阳光下，全身慵懒而放松，我们一动也不愿动，甚至感受不到自己的存在，其间一直保持自然呼吸或腹式呼吸皆可。我们保持此状态15—30分钟即可，也可持续到让自己感到舒适为止。

（3）带着这种放松而舒适的感受，我们将冥想收回，慢慢回到现实，再进行2—3分钟的腹式呼吸。我们睁开双眼，双手搓热，做几次干洗脸，伸展身体，活动一下四肢即可结束。

3. 正念呼吸

正念呼吸的练习可以帮助我们将注意力集中在呼吸的感觉上，让杂乱的心绪变得集中、专注，让焦躁的情绪趋于平和。

操作步骤：

（1）可平坐于椅子上或平躺于床上，亦可采取盘坐的姿

操作步骤：

（1）进行5—10分钟的腹式呼吸，让情绪趋于平静，然后进行下一步。具体方法请参见"腹式呼吸"部分。

（2）腹式呼吸后，开始想象一个曾经令自己感到身心愉悦、放松舒适的自然环境，比如海边、大草原、山间小溪、树林间等曾经让自己感到愉悦放松的地方。冥想过程中可以再分为两步。第一步，想象自己正置身于大自然，想象周围的景致，以海边为例，想象自己正漫步在海边，眼前是一望无际的大海，海水在阳光的照耀下波光粼粼，海的尽头是天，海天相接，连成一片。我们坐下来欣赏着眼前广阔无垠的大海，海鸥

呼并停顿1秒后再吸。

（4）如此循环往复。每次呼吸（一吸一呼）持续大约10—15秒，每分钟呼吸大约4—6次。可依个人肺活量进行适当增减。

注意事项：

·呼吸要做到缓慢而深长。

·每一次吸与呼时均要达到"极限"，即吸到不能再吸，呼至不能再呼，但注意不要有憋闷感，做到柔和自然为宜。

·肺活量大、身体好的人可将呼吸频率再放缓，延长吸气与呼气的时间。

·在训练时可舌抵上颚，有唾液可缓缓咽下。

·练习应在安静、舒适、光线适中的环境中进行，不该在饱腹、饥饿以及情绪波动很大时进行。

2. 冥想放松

冥想放松可以帮助我们达到深度放松的状态，使心灵获得安宁与平静，起到消除紧张、减轻焦虑与压力的作用。我们通过有意识地集中意念来消除纷繁杂乱的思绪，促进身心健康。

▷▷▷ 自助练习七

放松训练

1. 腹式呼吸

腹式呼吸是一种基本的呼吸法，主要通过缓慢而柔和地呼吸来帮助我们有效地平缓情绪、减少焦虑，甚至起到保健养生之功效。每次可训练 10—30 分钟，多多益善。

操作步骤：

（1）可采取平坐、仰卧或盘坐的姿势，全身放松。采取坐姿，可将双手置于双腿上，掌心向上，双手自然弯曲且掌心向上，或双手虎口交叉叠于肚脐位置。采取仰卧姿势，可将双手自然放置于身体两侧，掌心向上或双手相交置于腹部上。检查全身是否处于放松的状态。

（2）排除杂念，自然呼吸片刻，待心绪平稳后，由鼻缓缓吸气，将气一直吸入至小腹，同时腹部随吸气逐步鼓起，胸部始终保持不动，吸到不能再吸并停顿 1 秒后开始自然地呼气。

（3）呼气时用口呼出。若处于焦虑状态下，呼气时可微张开嘴发出"哈"的声音（就像平时的叹气）。呼气时腹部自然收缩凹进，朝脊柱方向收缩，胸部始终保持不动，呼到不能再

情，我们需要长期反复地进行自我训练。我们一旦不再害怕自己的焦虑，也就解决了焦虑问题。

2. 评估焦虑带来的真实结果

对比所担忧的结果与真实发生的结果。例如，我们所担心的演讲时会紧张得说不出话、飞机会坠毁、惊恐发作时会疯掉甚至死掉等各种灾难化结果，这些情况有多少真实地发生了？而又有多少只是我们想象中的灾难后果？真实的结果与假想的结果究竟差距有多大？我们的焦虑就像虚假的警报，事实上什么灾难也没有发生，除了我们的焦虑情绪本身是真实的。我们只要不去理会这个假的警报，它自然就会消退。

3. 迎接并感受焦虑

当我们发现所担忧、恐惧的结果并没有发生，并且焦虑情绪本身也没有带给我们真实的伤害时，我们就可以直面焦虑情绪，体验它、感受它，甚至主动迎接它的到来。我们有意识地去迎接焦虑情绪，感受它带给我们的感受，只是去感受这种感觉而不做任何评判，尽可能地以平静而柔和的心态面对我们的焦虑情绪，不回避，看看它究竟能把我们怎么样。当我们不怕它时，它很快就会由强变弱，最后消失殆尽。相反，我们越想摆脱这种焦虑的感觉，它却越强烈。

需要说明的是，做到真正地接纳焦虑并不是一件容易的事

>>> 自助练习六
# 接纳焦虑

我们的直觉让我们对引发焦虑或不舒服反应的事物或情景都会选择回避，比如当众讲话、乘坐飞机甚至焦虑情绪本身。然而回避不但不能消除我们对该事物的焦虑与恐惧，反而强化了焦虑与恐惧。因此，我们要想战胜它们，就必须要面对那些令自己焦虑、恐惧的事物，面对焦虑情绪本身。要做到真正地接纳，我们需要做出很大的努力，挑战并突破自己的极限，走出舒适区，尝试去迎接痛苦。大家可以试着从以下几个方面着手：

1. 增加接纳的意愿

我们可以反思并评估自己以前所采取的回避或压制的方法与策略是否有效，看看自己从中真正得到了什么。比如回避的确暂时缓解了我们的焦虑，却带来了对此事物更为长远的恐惧，以及日常生活功能的丧失，如不能乘坐飞机、无法当众发言等。我们如果能意识到回避的无用性甚至它的负面影响，想一想不接纳、回避所带来的后果，就将产生接纳动机并开启接纳之旅。

状况发生，比如自己突然晕倒等。总之，焦虑者会不断地搜索着各种可能的负面结果，并且越关注这些负面结果，越感觉自己处于"危险"中，他们甚至还会由一个负面的想法引发一连串负面的联想。

为了打破消极暗示，焦虑者需要把自己从各种负面的假想中拉回现实，以客观的角度来看待所面临的事情。

我们以考试焦虑为例，看看如何通过以下方法打破消极暗示。

方法	以考试焦虑为例
寻找积极的证据	如：我复习得很认真，已经看了两遍书，做了比较充足的准备；我以前的考试成绩都还不错；面对考试我是个很有经验的学生
挑战负面的想法/证据	如虽然我总认为会考不好，但每次考的成绩都还不错；虽然还有没记住的知识点，但这并不代表就会影响考试结果
阻断负面想法	觉察、意识到负面的想法，及时停止纵深的、连锁性的负面联想，将关注转移到当下所做的事情上，做该做的事，如及时阻断"考试失败"的负面想法，专注于当下的备考
打破负面假设"如果"	区分事实与假想、感觉，回归现实，如想到"如果高考考不好，便读不了好大学"时，要意识到这只是自己的假想，当前真实的情况是"我正在积极地备考，考试尚未进行"
评估可能性更大的事件的概率	评估考好的概率；任何事情都存在可能性，应将聚焦集中在大概率可能性上，而非聚焦在如考试时会昏倒、出意外等小概率事件上

▷▷▷ 自助练习五
打破消极暗示

在某种程度上,焦虑者可以被称为"快速寻找负面可能性的专家"。当面对一件事情时,他们总是能够很快地找到各种负面的可能性及结果。例如,面临大考时,他们马上会想到这次考试会失败,不管客观状况如何;或者想到考试时自己一定会特别紧张,从而导致发挥失常;再或者想到考试时会有突发

（4）筛选方案。"哪一个或几个解决方案是更优的？"

我们可以从以下几个维度来进行评判："哪个方案更有利于问题的解决、更便于实施？哪个方案会有更大的产出、性价比更高？使用这个方案后可能产生的结果是什么？"

（5）列出所选方案的具体实施步骤，即执行这个方案的过程。

>>>> 自助练习四
问题解决方案

人们在遇到压力事件或处在应激状态下时,经常会陷入负面情绪。这时人们如果有意识地将关注转移到如何解决问题上并付诸实际行动,则可以通过有效的行动减少甚至消除焦虑。

下面列举了一些针对当前问题的解决思路,我们可以试着跟随这些思路问自己一些问题。

操作步骤:

(1)先梳理清楚以下方面:"当前所面临的问题是什么?现在的状况是怎样的?当前我的主要阻碍是什么?"

(2)"我要达到的目标是什么?"

(3)"针对该问题我可能的解决方案是什么?"我们可以尝试列出尽可能多的问题解决方案与策略,不管它是否有用,哪怕看起来是荒谬的,都统统保留起来(列举解决方案与策略的过程也是激发头脑风暴的过程,可能会让你想出更多可行的解决方案与策略)。

项，促进我们做出最终决定。

以是否离婚为例，详见下表：

成本与收益分析表
（以是否离婚为例）

纠结的事件	优点	缺点
离婚	可以过自己想要的生活； 脱离当前的痛苦； 可能找到更合适的伴侣	财产被分割； 家庭解体； 不能每天和孩子在一起； 未来的婚姻可能有风险
不离婚	保持当前家庭的完整； 有人分担家务	争吵可能还会继续； 自己继续被忽略； 失去想要追求的生活

▷▷▷ 自助练习三
成本与收益分析

当面临选择或做决策时,我们可能会陷入选择性焦虑,难以做出决断。这时我们不妨试着列出这些选择各自所具有的优缺点或利弊,使其一目了然,也便于我们去衡量和比较每个选

思维记录表可以帮助我们快速识别出引起负面情绪的不合理的想法与信念,即自动化想法。在此基础上,我们应尝试去发现关于事件/情景更多正向的、适宜的解释,找出支持与反对自动化想法的证据,即可替代性思维。以此来替代负性的自动化思维。挑战自动化思维可以从以下几个方面着手:

·思考:事情/状况最好的、最糟的、最真实的情况分别是什么?

·思考:我这么想有什么用?会对我有什么影响?

·思考:我可以去做的事是什么?

·思考:如果这件事发生在其他人身上,我又会如何安慰他/她呢?

▶▶▶ 自助练习二
思维记录表

与 ABCDE 自助表的功能相似,思维记录表也在认知行为疗法中经常被使用,主要用以记录导致负面情绪的自动化思维(不合理想法或信念)以及其他更为正向的可替代性思维,亦称为"五栏表",如下表所示。

思维记录表
（思维与感觉的每日记录）

日期/时间	情景/状况——引发负面情绪的想法或状况	情绪反应及强度(%)	自动化想法——当时你大脑中出现的想法及你对它的坚信程度(%)	适宜的反应——对自动化想法更合理或正向的解释,其他可替代的想法及你对各解释的相信程度(%)	结果——现在的情绪或感觉及其强烈程度(%),还有你会做什么
7月21日 16:00	给男友发微信,两个多小时后还没收到回复	悲伤、烦躁,70%	他不重视我,他可能不喜欢我,80%	他可能根本没看到,70%;他看到了信息,但在忙其他事情,没腾出时间回复,70%;我并不知道他真实的想法,90%	悲伤、烦躁,30%。情绪平稳了许多,一会儿联系他,问问具体的情况

004

D. 自我思辨——我的想法从哪儿来的？是什么让我产生这样的想法？别人耻笑我的证据是什么？我这么想对我会有什么影响呢？

E. 建立新观念——别人可能并不会如此关注我的事；我的事与别人无关；好像并没有发现能支持我这种担忧的证据；这只是我的猜测，我并不知道别人真正会怎么想。

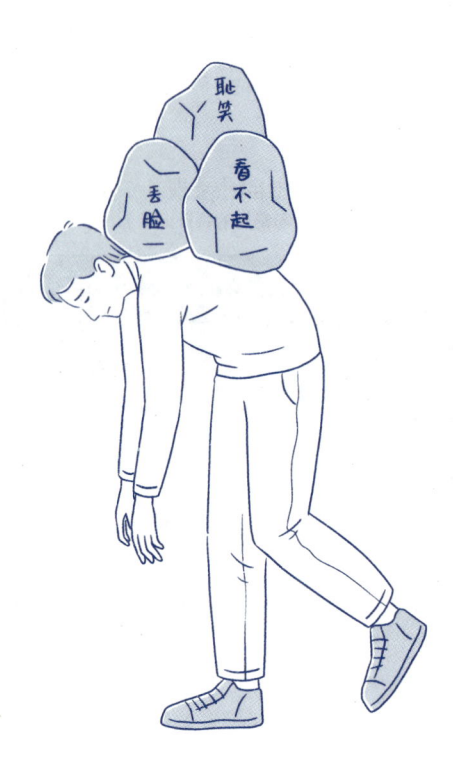

此基础上延伸出"D"与"E":"D"指的是争辩,即与不合理信念的辩论;"E"则指个体经过自我思辨后建立的实际有效的新观念。

操作步骤:

(1)觉察自己的情绪或行为反应,即找出"C";

(2)找出可能与情绪或行为结果"C"相关联的诱发事件"A";

(3)发现自己对诱发事件"A"所持有的观念与态度,即不合理信念"B";

(4)对错误信念"B"展开自我辩驳,即"D";

(对于"D"的挑战可以从以下方面进行:"我从哪里得到这个观念的?支持这个观念的证据是什么?它合乎逻辑或现实吗?如果我不这样想会怎样?"大家可以自行拓展自己的挑战视角。)

(5)建立实际有效的新观念"E"。

例如:

A. 诱发事件——离婚。

C. 情绪和行为的后果——悲伤、沮丧。

B. 错误信念——离婚会被别人看不起、耻笑。

▷▷▷ 自助练习一

基于情绪 ABC 理论的 ABCDE 自助表

情绪 ABC 理论是由美国著名的心理学家阿尔伯特·埃利斯提出的,该理论是理性情绪行为疗法(REBT)的核心理论模型,主要提出影响个体情绪反应的往往不是诱发事件本身,而是个体对于该事件所持有的信念或观点。基于情绪 ABC 理论的 ABCDE 自助表,可以帮助我们对引起负面情绪背后的认知和观念进行梳理,并且展开自我思辨,让不合理的信念回归客观和理性,从而建立更为有效的合理观念。

在 ABCDE 自助表中,各字母分别代表:

A——诱发事件(Activating Event)

B——信念(Belief)

C——情绪和行为的后果(Consequence)

D——争辩(Disputing)

E——实际有效的新观念(Effective New Philosophy)

即诱发事件"A"并不是导致情绪或行为结果"C"的直接原因,而对"A"所持有的错误观念或信念"B"才是。在

停止焦虑,就是精神上的节能减排

无惧焦虑

焦虑自助练习手册

瞿洋 / 著